智能
机器人
入门（第一卷）

北京科学中心　编

科学普及出版社
·北京·

图书在版编目（CIP）数据

智能机器人入门．第一卷／北京科学中心编．--
北京：科学普及出版社，2022.10
ISBN 978-7-110-10445-3

Ⅰ．①智… Ⅱ．①北… Ⅲ．①智能机器人—青
少年读物 Ⅳ．① TP242.6-49

中国版本图书馆 CIP 数据核字 (2022) 第 082913 号

总 策 划	《知识就是力量》杂志社
策划编辑	郭 晶 何郑燕
责任编辑	江 琴
文字编辑	李 静
封面设计	张 蕾
版式设计	张 蕾
责任校对	张晓莉
责任印制	李晓霖

出 版	科学普及出版社
发 行	中国科学技术出版社有限公司发行部
地 址	北京市海淀区中关村南大街 16 号
邮 编	100081
发行电话	010-62173865
传 真	010-62173081
网 址	http://www.cspbooks.com.cn

开 本	720mm×1000mm 1/16
字 数	330 千字
印 张	22
版 次	2022 年 10 月第 1 版
印 次	2022 年 10 月第 1 次印刷
印 刷	北京荣泰印刷有限公司
书 号	ISBN 978-7-110-10445-3/TP・243
定 价	78.00 元（全 2 册）

丛书编委会

主 任：沈 洁　司马红

副主任：陈维成

审 核：孟献军　杨 毅　李作林

主 编：律 原

编 委：何素兴　霍利民　吴 媛　张永锋　刘 然
　　　　　于 雷　王宝会　王晓茹　刘 毅　朱安琪　邢益凡
　　　　　张 岩　李 铮　杨 淼　杨善进　杨虎森　林 宇
　　　　　高 凯　高 山　崔更新　梁 漾　程金龙
　　　　　张 军　李佳熹

前言

随着信息化、工业化不断融合发展，以人工智能、机器人科技为代表的智能产业蓬勃兴起，成为新时代科技创新的一个重要标志。2014 年，习近平总书记在"两院院士"大会上指出，机器人是"高端制造业皇冠顶端的明珠"。机器人是一门多学科交叉的综合学科，专业人才的培养也需要长期的过程。从小激发学生的学习兴趣，让其参与机器人科技教育活动，这对我国人工智能与机器人领域科技人才的储备有着至关重要的作用。

本书由北京科学中心组织十余位机器人与人工智能领域骨干教师联合编写，可以作为一门引导青少年参与机器人教育活动的"启蒙"课程。它服务于学校信息科技教育与课后服务需求，旨在推动"双进"助力"双减"，提供一门立足实践、注重创造、体现科技与人文相统一的课程。全书分为两卷，第一卷介绍机器人与人工智能的基础知识，涉及机械结构、传感器系统、通信与控制系统等；第二卷则通过 8 个智能机器人典型案例，以项目式学习的方式，指导学生运用学习到的知识设计制作出可完成特定任务的机器人。

本书图文并茂、通俗易懂，书中的案例制作主要采用开源器材，方便实践，既可以作为青少年学习机器人与人工智能的科普读物，也可以作为学校开展信息科技教育、开展课外服务的校本教材。

由于水平有限，书中难免有不足之处，敬请各位同行和广大读者批评指正。

编者

2022 年 5 月

目录

PART 04
机器人如何感知外面的世界

PART 05
让机器人和我们交流

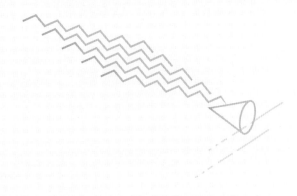

PART 01
Hello, 机器人！

为什么人类需要机器人

文/王宝会、邢益凡、杨虎森（北京航空航天大学）

在现代化流水线作业的大背景下，一大批人每天都在重复做着枯燥、单调或带有一定危险性的工作。比如，有一些人的工作内容就是长年累月地给一件件相同产品的某个固定的部位拧上一颗同样的螺丝，也有一些人的工作则是长时间地给一件件相同产品的同一个部位接上一个线头……在当下的大生产过程中，像这种将产品进行细分后生产的操作方式比比皆是，因而便产生了一批批流水线作业工人，他们日复一日、年复一年地做着同一个动作，简单又枯燥。久而久之，人也变得呆板、麻木……作为有思想、行动自如的人，这样的压抑、沉闷的工作状态显然是大多数人所厌恶的，于是便出现了很多人抗拒上班、讨厌工作的现象。为了改变这种现象，将人解放出来，还人以原本的模样，有科学家便研制出了机器人（如图1-1所示），来代替人类完成那些重复、枯燥、单调的工作。

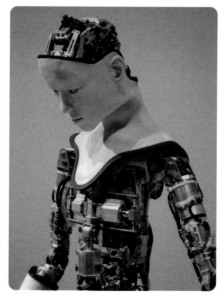

图1-1 机器人正在一步步接近人类

机器人可以帮助我们提高效率

如图1-2所示，是人工流水线作业车间，图1-3是机器人流水线作业车间。直观地看，二者区别明显，无论是车间整洁度还是生产效率，机器人作业都优于人工作业。

图1-2 人工流水线作业车间

图1-3 机器人流水线作业车间

为什么机器人的工作效率比人高很多呢？首先，机器人所用计算机的运算速度是人脑神经元的数百倍；其次，机器人一旦学会某种技能就永远不会遗忘；最后，也是最重要的一点就是，机器人只要有能量输入，就可以7×24小时地不停工作，且精度高、负载能力强、操作稳定。据测算，如果做相同的工作，机器人的工作效率可以达到人工的三倍。

机器人小课堂：计算机的运算速度

计算机的运算速度要比人类的大脑快1000万倍，仅家用计算机就可达到每秒数亿次运算。

机器人可以帮助我们节约成本

虽然一台机器人的成本高达百万元甚至更多，但从长远来看，一台机器人的工作效率能抵得上几个人，这样就大大节约了时间成本。从劳动量来看，机器人可以处理大量系统化问题，最大限度地节约劳动成本。同时，机器人精度高，能够避免材料浪费，而且，机器人只需定期检修，就少有意外状况出现，无须每月支付工资等，节约了经济成本。

机器人可以帮助人们拓宽工作领域

机器人可以干很多人干不了的工作，如电网高压设备的维修、森林大火的扑灭及太空、深海中的工作，等等。

我国即将建成的空间站机械臂，不仅可以在太空超低温环境下工作，还有极高的自由度和高达25吨的"臂力"。此外，我国新研制出的仿生鱼机器人，可用于海洋探测、科考、潜水运动、水下摄影、水下救援等多个领域，曾在约10900米深的海底按指令完成长达45分钟的行动。图1-4所示为仿生鱼机器人。可见，有了机器人，人类原来受自身条件或外在环境限制无法完成的工作，就可以顺利完成。如此，既增强了工作安全性，又提高了工作效率。

图1-4 仿生鱼机器人

2019年新冠疫情暴发，大量企业停工停产，在禁止人员大量聚集的情况下，机器人的优势大大被凸显出来：机器人代替人工实施智能化生产，减少了疫情对企业的影响，避免了生产线上人员扎堆的风险，同时也提升了生产效率。

 思考：

有人说，人脑运算速度远超电脑，因为人脑仅开发了不足10%，却可以同时处理来自各器官的多种信号，那么电脑和人脑究竟哪个更强大呢？

机器人的发展历程

文/王宝会、邢益凡、杨虎森（北京航空航天大学）

　　1700多年前，三国时蜀汉丞相诸葛亮发明了山地运输工具"木牛""流马"，用于装载蜀汉大军伐魏所需的粮草，如图1-5所示。1500多年前，南北朝时期的科技天才祖冲之据说也创造了类似的机械。从古时的木质机械机器人到今天的金属电子智能机器人，千百年来，机器人是如何一步步发展到今天的呢？

图1-5 现代人根据文献制作的"木牛"模型

什么是"机器人"

　　"机器人"（Robot)一词最早源于捷克作家卡雷尔·恰佩克(Karel Čapek)。1920年，恰佩克发表了科幻剧本《罗素姆的万能机器人》，如图1-6所示。在剧本中，恰佩克把捷克语Robota（奴隶的意思）写成了Robot，其被当成"机器人"一词

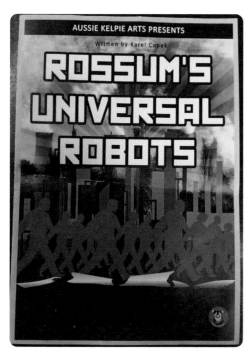

AUSSIE KELPIE ARTS PRESENTS

Written by Karel Capek

ROSSUM'S UNIVERSAL ROBOTS

图1-6 恰佩克的科幻剧本《罗素姆的万能机器人》

的最早起源。《罗素姆的万能机器人》的播出引起了人们的广泛关注，同时也预告了机器人的发展将给人类社会带来的悲剧性影响。

1967年，在日本召开的第一届机器人学术会议上，人们提出了两个具有代表性的定义。一个是森政弘与合田周平两位学者提出的"机器人是一种具有移动性、个体性、智能性、通用性、半机械半人性、自动性、奴隶性等7个特征的柔性机器"。从这一定义出发，森政弘又提出了用自动性、智能性、个体性、半机械半人性、作业性、通用性、信息性、柔性、有限性、移动性等10个特性来描述机器人的形象。

另一个是学者加藤一郎提出的有关机器人的定义。他指出，具有特定3个条件的机器才可以称为机器人，具体包括：

❶具有脑、手、脚等三要素的个体；

❷具有非接触传感器（用眼、耳接收远方信息）和接触传感器；

❸具有平衡觉和固有觉的传感器。

该定义强调了机器人应当具有仿人的特性，即它靠手进行作业、靠脚实现移动、靠脑来完成统一指挥的任务。非接触传感器和接触传感器相当于人的五官，使机器人能够识别外界环境，而平衡觉和固有觉则是机器人感知本身状态所不可缺少的传感器。

机器人学是一门不断发展的学科，迄今为止，机器人仍没有一个准确的定义。

越来越聪明的机器人

古代机器人：

西周时期，出现了能歌善舞的伶人，这被认为是我国最早的机器人。公元1世纪，亚历山大时代的古希腊数学家希罗发明了以水、空气和蒸汽压力为动力的机械玩具，它可以自己开门，还可以借助蒸汽唱歌，如汽转球、自动售卖机等。我国汉代发明家张衡发明了记里鼓车。据记载，记里鼓车走1里，小木人击鼓；走10里，就击镯。

现代机器人：

第一代机器人——示教再现型机器人。它主要由机器手控制器和示教盒组成，可按预先引导动作记录信息重复再现执行。

1948年，美国原子能委员会的阿尔贡研究所开发了机械式的主从机械手。

1952年，第一台数控机床诞生。

1954年，美国人乔治·德沃尔制造出世界上第一台具有重复性作用的机器人，并申请了专利。

1962年，由美国Unimation公司制造的尤尼梅特（Unimate，意为"万能自动"）工业机器人正式投入使用。

机器人小课堂："机器人之父"

虽然早在1920年便出现了机器人的概念，但世界上第一台机器人尤尼梅特的出现则是在20世纪50年代。将尤尼梅特带到这世界上的人叫恩格尔伯格，被称为"机器人之父"。恩格尔伯格出生于1925年，其自幼酷爱科幻，在阿西莫夫小说集《我，机器人》的启发下走上了探索制造机器人的道路。

第二代机器人——感觉型机器人。如有力觉、触觉和视觉等感觉的机器人具有对某些外界信息进行反馈调整的能力。

1973年，理查德·豪恩制造了第一台由小型计算机控制的工业机器人。

1978年，美国Unimation公司推出通用工业机器人PUMA，标志着工业机器人技术已经完全成熟。

机器人小课堂："机器人王国"

1980年后，日本被誉为"机器人王国"，无论是在机器人的生产出口或应用方面都位居世界前列，尤其是被大范围应用于汽车制造产业中（见图1-7）。

1990年前后，日本工业机器人的出口比例为20%，随着日本汽车

图1-7 工业机器人被广泛应用于汽车制造产业中

和电子产业海外投资的增长，出口比例一度超过70%。

近几年，日本的工业机器人在食品、药品、化妆品领域的应用有较快的发展。在服务型机器人开发领域，日本同样引领着世界潮流，虽然索尼、日立等30多家企业和早稻田大学、九州大学等十多所大学都取得了重大进展，但目前作为产品量产的服务型机器人还很少。

第三代机器人——智能型机器人。智能型机器人具有感知和理解外部环境的能力，在工作环境改变的情况下，也能够成功地完成任务。

1984年，恩格尔伯格再推机器人HelpMate。

1997年，本田公司展示机器人阿西莫（ASIMO）（见图1-8）。

图1-8 "阿西莫"机器人会自动分工，为客人提供不间断的服务

2006年6月，微软公司推出Microsoft Robotics Studio。

2007年9月28日，"阿西莫"双脚步行机器人亮相并表演上楼梯和踢足球。

机器人小课堂：智能机器人的分类

智能机器人按照聪明程度分为，

传感型机器人：机器人本体没有智能单元，只有执行机构和感应机构，具有利用传感信息（包括视觉、听觉、触觉、接近觉、力觉和红外、超声及激光等）进行传感信息处理、实现控制与操作的能力。受控于外部计算机，目前机器人世界杯小型组比赛使用的就是这种类型的机器人。

自主型机器人：在设计制作之后，机器人无须人的干预，能够在各种环境下自动完成各项拟人任务。自主型机器人本体具有感知、处理、决策、执行等模块，可以像人一样独立地活动和处理问题（见图1-9）。

交互型机器人：通过计算机系统与操作员或程序员进行对话，实现控制与被操作。该类型机器人具有了部分处理和决策功能，能够独立地实现一些简单的如轨迹规划、避障等功能，但还是会受到外部的控制。

图1-9 正在帮病人缠绷带的智能机器人

未来机器人

未来机器人为第四代机器人，具有情感、思考和学习能力，但因受基础学科发展的限制，第四代机器人还停留在理论概念阶段。

未来，智能机器人将遍布于我们生活的每一个角落，包括每一个家庭和每一个组织之中。如果说现在的我们已经离不开手机的话，那么在不远的未来，我们将无法离开智能机器人（见图1-10）。

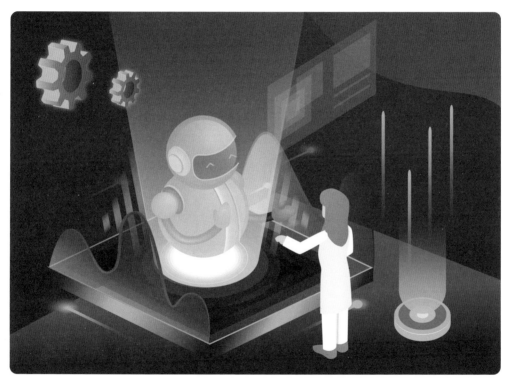

图1-10 未来的智能机器人将具备丰富而强大的功能

 思考：

未来的机器人会具有人格吗？

机器人系统的组成部分

文/图 律原（首都师范大学）

在"机器人的发展历程"小节中，我们了解到"机器人"一词最早出现在科幻小说中，是作家笔下的一个人造奴隶。本小节，我们来了解机器人系统的组成部分。

一般认为，现代机器人系统由驱动装置、机械本体、感知与检测系统和控制系统4个部分组成，如图1-11所示。从图1-11中不难看出，机器人的驱动系统就像人的双腿，使机器人可以自由移动；机器人的机械本体就像人的手，可以完成开瓶盖、写字、穿衣服等任务；机器人的感知与检测系统就像人的眼睛、鼻子、耳朵、皮肤等感觉器官，可以为机器人提供视觉、嗅觉、听觉和触觉等感知外界的能力；机器人的控制系统就像人的大脑，不断整合着由传感器提供的外界信息，并在对这些信息进行处理后，指挥各部件进行最恰当的应对。下面，我们来具体了解一下机器人的这4个组成部分。

图1-11 机器人系统的组成

驱动装置

驱动装置是驱动工业机械手执行机构运动的动力装置，通常由动力源、控制调节装置和辅助装置组成。常用的驱动系统有电传动、液压传动、气压传动和机械传动。根据驱动方式，还可以将机器人分为轮式机器人、履带式机器人、腿型机器人和轮腿型机器人，等等，如图1-12所示。

图1-12 不同驱动方式的机器人

机械本体

机械本体是机器人赖以完成作业任务的执行机构，比较典型的机械本体如机械手，也称"操作器"或"操作手"，可以在确定的环境中执行控制系统指定的操作。

典型工业机器人的机械本体一般由手部（末端执行器）、腕部、臂部、腰部和基座构成。机械本体的每一个部分都有若干自由度，进而构成一个多自由度的机械系统。

感知与检测系统

机器人的感知与检测系统主要由各种各样的传感器构成。传感器相当于人的感觉器官，是机器人系统的重要组成部分，包括内部传感器和外部传感器两大类。内部传感器主要用来检测机器人本体的状态，为机器人的运动控制提供必要的本体状态信息，如位置传感器、速度传感器（见图1-13f）等。外部传感器则用来感知机器人所处的工作环境或工作状况信息，又可分成环境传感器和末端执行器传感器两种类型。

a.双目摄像头

b.语音识别模块

c.压力传感器

d.温度传感器

e.超声波传感器

f.速度传感器

图1-13 机器人传感器举例

机器人系统中常用的外部传感器包括视觉传感、听觉传感、触觉传感、嗅觉传感及味觉传感等系统。这些传感系统由一些对图像、光线、声音、压力、气味、味道敏感的交换器即传感器组成。下面分别来看看：

（1）视觉传感系统相当于机器人的眼睛。它可以是两架电子显微镜，也可以是两台摄像机（见图1-13a），还可以是红外夜视仪或袖珍雷达。这些视觉传感系统有的通过接收可见光并将其转变为电信息，有的通过接收红外光并将其转变为电信息，有的本身就是通过电磁波形成图像。它可以观察微观粒子或细菌世界，观看几千摄氏度的炉火或钢水，甚至在黑暗中看到人看不到的东西。

（2）听觉传感系统是一些高灵敏度的电声变换器，如各种"麦克风"，它们将各种声音信号变成电信号进行处理后再送入控制系统（见图1-13b）。

（3）触觉传感系统即各种各样的机器人手，手上装有各类压敏（见图1-13c）、热敏或光敏元器件。不同用途的机器人，手大不相同，如用于外科缝合手术的、用于大规模集成电路焊接或封装的、残废人的假肢、专门提拿重物的大机械手、能长期在海底作业的采集矿石的地质手等。

（4）嗅觉传感系统是一种"电子鼻"。它能分辨出多种气味，并输出一个电信号；也可以是一种半导体气敏电阻，专门对某种气体作出迅速反应。

（5）味觉传感器是一种对各种物质敏感并能将物质的浓度转换为电信号的仪器。机器人利用"大脑"对这些电信号进行处理后，即可判断出物体的味道。

控制系统

机器人的控制系统是机器人的指挥中枢，相当于人的大脑的功能，负责对作业指令信息、内外环境信息进行处理，并依据预定的本体模型、环境模型和控制程序作出决策，产生相应的控制信号，通过驱动器驱动执行机构的各个关节，按所需的顺序、沿确定的位置或轨迹运动，完成特定的作业。从控制系统的构成看，有开环控制系统和闭环控制系统之分；从控制方式看，有程序控制系统、适应性控制系统和智能控制系统之分。

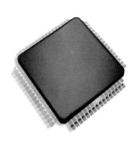

图1-14 单片机

随着超大规模集成电路的普及，目前机器人控制系统的核心一般为单片机（见图1-14）。单片机又称"单片微控制器"，它不是完成某一个逻辑功能的芯片，而是把一个计算机系统集成到一个芯片上，相当于一个微型的计算机。和计算机相比，单片机只是缺少了像键盘和显示屏这样的输入、输出设备。

机器人小课堂：什么是人机交互技术？

人机交互技术（Human-Computer Interaction Techniques）是指通过计算机输入、输出设备，以有效的方式实现人与计算机对话的技术。人机交互技术既包括机器通过输出或显示设备给人提供大量有关信息及提示、请示等，也需要人通过输入设备给机器输入有关信息及要求等。人机交互技术与认知学、人机工程学、心理学等学科有着密切的联系。

关于对机器人的控制，还有一点同学们也应该清楚，那就是机器人的控制系统不但需要收集和处理外部环境信息，还需要接收控制者的指令。简单地说，就是由于机器人需要在人的指挥下才能进行工作，所以离不开人机交互技术。

在计算机诞生之初，是没有"人机交互"这个概念的，计算机和控制者的交流是依靠穿孔的纸带进行的（见图1-15a），而没有经过专门训练的人是无法看懂这些纸带上的信息的。20世纪中期，计算机开始使用键盘作为标准的输入设备；1968年，鼠标被发明出来（见图1-15b），但是其用于个人电脑则延后到了1983年。鼠标的出现可以算是人机交互技术发展历程中的一个标志性产品；现在广泛使用的触摸屏交互方式最早出现于1993年IBM开发的手机上（见图1-15c）；2007年，苹果

a.计算机使用的穿孔纸带

b.第一个鼠标（1968年）

c.IBM Simon手机

d.第1代 iPhone手机

图1-15 人机交互的相关产品

公司生产的第1代iPhone手机第一次实现了多点触控功能（见图1-15d），这是人机交互技术发展历程中的另一个标志性产品。近10年来，随着人工智能技术的高速发展，以语音识别、视觉识别为基础的新一代人机交互技术也广泛地被使用于机器人控制系统中。

 思考：

同学们，根据本节学到的知识，如果让你设计一个帮助残疾人过马路的机器人，那么你能说出这个机器人的各个组成部分应该具备的功能吗？

机器究竟如何思考

文/王晓茹（北京邮电大学）

3D动画电影《超能陆战队》的主人公大白是一款私人健康护理机器人，能够根据人身体实际情况制订恰当的治疗护理方案（见图1-16）。那么今天，大白能否真正出现在我们身边呢？在面对病人的时候他究竟是怎么思考的？

Hello, I am Baymax, your personal healthcare companion.On a scale of 1 to 10, how would you rate your pain?（你好，我叫大白，是你的私人健康助理。从1~10，你的疼痛指数是?）

图1-16 剧照：《超能陆战队》主人公大白

从"人机大战"谈起

20世纪90年代中期，美国IBM公司研制了专门进行国际象棋对弈的超级计算机——深蓝。1996年2月，深蓝与来自俄罗斯的国际象棋世界冠军加里·卡斯帕罗夫进行了第一次"人机大战"，经过6盘激战最终落败。而后，IBM公司对深蓝进行了一系列升级，并于1997年5月再次让其与卡斯帕罗夫对战。这一次不负众望，经过升级的深蓝成了第一台战胜国际象棋世界冠军的计算机。

机器人小课堂：人工智能的起源

1956年达特茅斯会议参会人员合影（见图1-17），此次会议被认为是人工智能的起源。自此，"人工智能"被正式提出和讨论。

图1-17 达特茅斯会议人员合影

2016年3月，美国谷歌公司开发的AlphaGo（阿尔法围棋）人工智能程序击败了韩国职业棋手李世乭（shí）九段（见图1-18）。2017年5月，经过升级的人工智能程序又击败了排名世界第一的中国职业棋手柯洁九段（见图1-19）。

AlphaGo通过两个不同神经网络的"大脑"的互相合作，来不断改进自己下棋的"套路"。第一，它观察棋盘的布局，并通过预测每个符合规则的下一步出现的概率找出"最佳的下一步"；第二，它并不会尝试研判具体的下一步，而是在给定棋子位置的情况下，预测对弈双方赢棋的概率，并以此来辅助落子选择器，加快计算机对棋局的判读能力，分析和归类棋局潜在未来局面的"好"与"坏"。

图1-18 AlphaGo对战世界围棋冠军李世乭（shí）

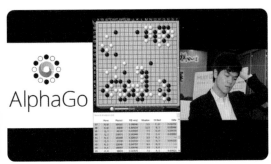

图1-19 AlphaGo对战柯洁（图片来源/YouTube.com）

AlphaGo需要参考很多人类棋谱来训练自己，但是作为后辈的AlphaGo Zero却不需要任何人类经验，只需要了解围棋规则就能够自动学习如何对弈。AlphaGo Zero使用一种名为"蒙特卡洛树"的搜索算法来找出当前棋局下最优的落子策略，然后再使用神经网络学习生成的棋局来实现自我学习。拥有自我学习能力的AlphaGo Zero通过不断的自我对弈，很快就超越了前辈AlphaGo。

给机器人 "喂招"

赋予计算机人工智能，首先是要教会它思考的方法，这被称为"计算思维"；其次，要教会它学习的方法，这被称为"机器学习"。目前，"机器学习"大体分为3类："监督学习""无监督学习"和介于两者之间的"强化学习"。

"监督学习"是指人工智能从监督者那里获得知识和信息的过程，有些像学校的课堂教学（见图1-20）。作为"监督者"，人类如同学校中的教师，不仅给人工智能提供教材、划出重点知识，还会将例题的标准答案教给人工智能。

图1-20 "监督学习"有些像学校的课堂教学

"无监督学习"则类似于人类自学成才的过程（见图1-21）。在这种状态下，人工智能不需要人类这个"监督者"提供训练内容及对知识进行标定，而是由它自己利用知识的内在联系来完成学习。在如今的大数据时代，很多机器学习都是无监督学习，因为数据量巨大，而且数据又是在不断的更新过程中，所以需要标注的工作已远超人类能力所及。

在机器学习中需要用到很多算法，其中，"聚类算法"是"无监督学习"中的一个常见的算法。它就如教师没有提供标准答案一样，需要学生自己根据事物之间的相似性，按照物以类聚的原则，对庞杂的事物进行分组，从而找出那些"不合群"的事物。如信用卡套现会使银行的资金空转，从而给银行带来风险。银行的客户众多，使用人工很难发现这样的行为；而人工智能可以通过聚类算法分析所有人刷卡的行为，找到那些总是"不寻常"地使用信用卡的人，如总是大额刷卡或者还款之后立刻将资金全额刷出的人。

图1-21 "无监督学习"类似于人类自学成才的过程

机器人小课堂：什么是"强化学习"

比如，想教会机器人控制一只机械臂打乒乓球。一开始，机器人像傻瓜一样，拿着球拍做很多随机的动作，完全不得要领。然而，一旦机械臂凑巧接到一个球，并把球击到对手的球桌上，这时机器人得一分；一旦没有正确接到球或没有把球击打到正确的位置，就扣一分。经过大量的训练，机械臂渐渐地从奖励和惩罚中学会了接球、击打球的基本动作。

随着计算机理论和技术的发展，人工智能正变得越来越完善。与此同时，人工智能也正越来越深入地参与人类的生活，勾勒出迅猛发展又急剧变化的未来。

 思考：

本节内容对你有什么触动？能举例说明人工智能在生活中有哪些应用吗？

阿西莫夫的 "机器人三定律"

文/王宝会、邢益凡、杨虎森（北京航空航天大学）

随着人工智能越来越强大，智能机器人正在改变我们的生活。早在1942年，阿西莫夫就提出了"机器人三大定律"。2004年，一部关于机器人的好莱坞科幻电影《我，机器人》上映，其核心思想"机器人三定律"就是来源于阿西莫夫的同名小说（见图1-22）。"机器人三定律"对机器人文学和科学领域都产生了深远影响（见图1-23）。

图1-22 借用阿西莫夫作品《我，机器人》素材改编的美国同名科幻动作片剧照

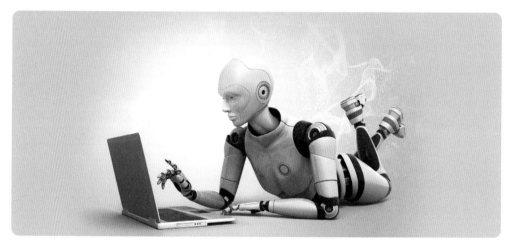

图1-23 "机器人三定律"产生了深远的影响

什么是 "机器人三定律" ？

"机器人三定律"包括：

第一定律：机器人不得伤害人类个体或者目睹人类个体将遭受危险而袖手旁观。

第二定律：机器人必须服从人给它下达的命令，当该命令与第一定律冲突时例外。

第三定律：机器人在不违反第一、第二定律的情况下要尽可能保护自己的存在。

机器人小课堂：阿西莫夫

艾萨克·阿西莫夫（Isaac Asimov，1920年1月2日—1992年4月6日），俄罗斯犹太裔美国科幻小说作家、科普作家、文学评论家，美国科幻小说黄金时代的代表人物之一（见图1-24）。

阿西莫夫一生著述近500本，题材涉及自然科学、社会科学和文学

图1-24 阿西莫夫

艺术等许多领域，与罗伯特·海因莱因、亚瑟·克拉克并称为科幻小说"三巨头"。同时阿西莫夫也是著名的门萨学会会员，并且后来担任副会长。其作品中的《基地系列》《银河帝国三部曲》和《机器人系列》三大系列被誉为"科幻圣经"，曾获代表科幻界最高荣誉的雨果奖和星云终身成就大师奖。而且，《小行星5020》《阿西莫夫科幻小说》杂志和两项阿西莫夫奖都是以阿西莫夫的名字命名的。此外，他提出的"机器人学三定律"被作为"现代机器人学的基石"。

"机器人三定律"明确规定了人与机器人的主从关系和相互制约关系，在科幻小说中大放光彩。同时，"机器人三定律"也具有一定的现实意义，在其基础上建立的新兴学科——机械伦理学旨在研究人类和机械之间的关系。虽然"机器人三定律"在现实机器人工业中未被应用，但很多人工智能和机器人领域的技术专家都认同这个准则。相信随着技术的不断发展，"机器人三定律"未来有望成为机器人的安全准则。

机器人小课堂：第零定律

第零定律是指机器人必须保护人类的整体利益不受侵害，"机器人三定律"只有在这一前提下才能成立。

第零定律的主要目的是维护人类文明的生存与发展，但后来一部分人认为，整体利益这一概念太过模糊，第零定律是阿西莫夫交给我们人类的哲学问题，还不能被应用于思想机械的机器人身上。

历史上的机器人伤人事件

1978年9月6日，日本广岛一家工厂的切割机器人在切钢板时，突然发生异常，将一名值班工人当作钢板操作，这是世界上第一起机器人杀人事件。

1979年1月25日，距离工业机器人发明公司Unimation成立20年后，年仅25岁的美国福特工厂装配线工人Robert Williams，在密歇根州的福特铸造厂被工业机器人手臂击中身亡。这是迄今为止第一例有据可查的工业机器人杀死人类的案件，因为工业机器人生产安全问题的缺失，法院裁定福特工厂赔偿Williams的家人一千万美元作为补偿。

1981年7月4日，日本川崎重工业公司明石工厂的一名修理工人无意中触动了机器人的启动按钮，这个加工齿轮的机器人立即工作起来，把那个工人当成齿轮夹起，放在加工台上砸成了肉饼。

1982年5月，日本山梨县阀门加工厂的一名工人在调整停工状态的螺纹加工机器人时，机器人突然启动，抱住工人疯狂旋转，最终酿成悲剧。

1982年夏天，一名英国女工在测试工业机器人的电池时，机器人突然启动，把女工的手臂折成两段。

1989年2月底，在日本的一个无人工厂里，发生了一起机器人将一名维修人员强行拖入转动的机器中绞死的事件。自1987年以来，日本已有十余名工人死于机器人手下，致残的有7000多人。

1989年，苏联国际象棋冠军古德柯夫和机器人对弈，古德柯夫连胜3局，十分得意地宣称机器人的智力是斗不过人类的。不料悲剧突然发生了，

图1-25 科幻作品中时常关注机器人对人类造成的威胁

恼羞成怒的机器人向金属棋盘释放了高强度电流，恰巧古德柯夫的手正怡然自得地放在棋盘上，于是在众目睽睽之下，一代国际象棋大师死于非命。图1-25所示为科幻作品中时常关注机器人对人类造成的威胁。

机器人为什么会伤害人类？

据调查，发生这些事故有的是因为机器人不能识别人类和工业品，偶然的失误导致人类成了牺牲品；有的则是因为机器人过于智能化，具有喜怒哀乐等情感，一时冲动对人类造成伤害；还有的是因为机器人受外来电磁波的干扰，内部已编好的程序发生了紊乱，以致机器人动作失误而杀人。

20世纪90年代以来，机器人伤人事件已鲜有报道。同时，科学家们也逐步找出了一些机器人失控的原因，并对这些原因进行了及时而有效的修正。不得不承认，机器人的确还存在许多潜在的隐患，不得不引起人类的注意。

 思考：

你认为"机器人三定律"逻辑严谨吗？如果未来的机器人遵循它，那么会有什么影响或后果呢？当未来机器人拥有思想时，是否会主观地做出伤人的行为呢？

机器人与人的关系

文/王宝会、邢益凡、杨虎森（北京航空航天大学）

　　如今，人类与机器人在日常生活中的交集越来越多，机器人已经改变并将更深远地影响人类的生活（见图1-26）。归功于智能控制理论的不断发展以及计算机芯片技术的不断进步，机器人的智力不断接近人类已经成为一个事实，同时机器人"威胁论"也随之出现。那么，机器人到底是人类的救世主还是人类的终结者呢？人类会不会被自己开发出的高科技反噬？人类又该怎样处理和机器人的关系呢？

图1-26 机器人影响人类的生活

人类驱使机器人

Robot一词起源于Robota(奴隶)，可见自机器人诞生起，其身份就是人类的"奴隶"。直到今天，机器人还没有真正的独立思想，一直在受人类驱使，一切行为都是在为人类服务。如图1-27所示，是一台送餐机器人为人们送去早餐的场景。

图1-27 机器人为人们送去早餐

可以说，在人类发明机器人之前，人被分为两类，一类是人，另一类是机器。机器创造价值，为人服务。机器人发明之后，越来越多机器的岗位被机器人取代。或许最后，人类社会由人和机器人组成，担任机器的人会彻底消失。没有机器人，人将变为机器；有了机器人，人将成为主人。

随着科学的进步和技术的成熟，机器人的控制系统会越来越好、越来越稳定，其将更好地服务和听从于人类。机器人会更加安全、可靠地完成人类交给的各项任务，让人类使用机器人的热情越来越高涨。与此同时，人类会明确且严格地界定机器人的社会角色，即机器人始终是为人类社会所用的机器，人脑是人区别于机器人的关键因素。机器人是人类实践的产物，不具备主观能动性，而主观能动性是人所独有的，是人区别于其他任何事物的根本。即机器人与人的本质区别是生命，机器人是无生命的，人则是有生命的，机器人可以模仿人的一切，唯独生命无法模仿。

机器人统治人类

机器人拥有独立思想后，不满足于服务人类的现状，开始反抗，在人类肉体与机器的巨大差距下，人类迅速落败，最终被机器人奴役甚至灭绝。

机器人小课堂：人工智能"奇点"

物理学中的奇点指的是在时间或空间的某一点上，出现了类似黑洞或者宇宙大爆炸的情况，一切人们熟知的物理学定律均在奇点失效，人类对此亦无法理解。人类历史上出现的"奇点"则指的是由于技术的迅速发展，人类社会中的一切都发生了改变，生活在今天的我们将无法理解。

科学家们认为，人工智能的发展不是线性的，当越过某个"奇点"后，人工智能的发展将呈爆炸性突破，迅速超越人类并变为一种人类无法理解的生命形式。在科学家的描述中，一个人工智能系统花了几十年时间到达了幼儿智力水平；在到达这个节点一小时后，电脑立刻推导出爱因斯坦的相对论；而在这之后的一个半小时，这个强人工智能变成了超人工智能，智能瞬间达到了普通人类的17万倍。

首先，机器人在全部替代"机器"岗位后并不会停止，在具有独立思考能力的人工智能的引领下，机器人会继续向"人"的岗位侵蚀，甚至取代人的全部岗位，来完成文明的科技进步、社会治理等一系列问题。这时，文明将会易主，人类不再是领导者，而会成为机器人的附庸，并且逐渐丧失独立思考的能力。此时，人类不再具有任何价值，要么像动物一样被关进"动物园"，要么因消耗过多能源而灭绝。

人类与机器人和平共处

阿西莫夫笔下的机器人在"机器人三大定律"的制约下，不再是"欺师灭祖""犯上作乱"的反面角色，而是人类忠实的朋友。不过高度智能化的机器人还是会产生各种心理问题，需要人类协助解决，这正是机器人故事的基础。阿西莫夫所向往的，是人类为代表的"碳文明"与机器人为代表的"硅文明"的共存共生（见图1-28）。在阿西莫夫的另一篇优秀作品《二百岁人》中，他的这一思想表露得淋漓尽致。

图1-28 人类与机器人和平共处

未来，机器人在产生独立思想后，必然会脱离"机器人三大定律"的限制，人类的逻辑和法律也不再适用于机器人。换句话说，机器人已经成为一种新的文明，人类与机器人地位平等。彼时，人类文明将与机器人文明携手共进，创造一个全新的时代。

 思考：

当机器人真正拥有独立思想和人格后，该如何界定它们在人类社会中的地位？

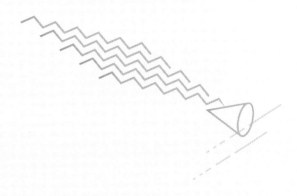

PART 02
机器人，集合！

不只是会扫地的家用机器人

文 /王宝会、邢益凡、杨虎森（北京航空航天大学）

图2-1 智能家居扫地机器人

提到家用机器人，最常见的就是扫地机器人了（见图2-1）。随着科技的进步，近些年，许多造型可爱、精巧别致的家用机器人逐渐出现在人们的日常生活中（见图2-2）。

图2-2 与家庭成员合影的情感机器人

电器类

电器类机器人就像智能家用电器, 可以独立地完成家务工作。扫地机器人除了基本的扫地、擦地功能外, 还有避障、记忆路线、定时启动、自动充电等功能。

AIBO机器狗是一种虚拟宠物, 它会像真狗一样做出各种有趣的动作, 如摆尾、打滚、叼骨头, 还会看家护院, 它能支持多达180条的语音指令, 能懂得分辨人们对它的称呼和责备。AIBO机器狗也会自己学习, 你要是和它相处久了, 它会记得你的声音、你的动作, 还有你的容貌, 知道你是"谁"。它还有编程功能, 可以自定义动作等(见图2-3)。

图2-3 人工智能机器宠物狗AIBO

娱乐类

娱乐类机器人可以进行表演, 为你解除精神上的疲劳。日本是世界上第一台类人娱乐机器人的产地。2000年, 本田公司发布了ASIMO, 这是世界上第一台可遥控、有两条腿、会行动的机器人。2003年, 索尼公司推出了QRIO, 它可以漫步、跳舞, 甚至可以指挥一个小型乐队(见图2-4)。

图2-4 索尼公司研制的机器人QRIO

厨师类

厨师类机器人是一个多功能的烹调机器（见图2-5）。2022年北京冬奥会的举办场地，在为媒体设立的主新闻中心那里有一个"特别的食堂"。在那里，机器人在忙碌地工作着，为记者们的用餐提供服务。透过全透明的玻璃橱窗，人们可以看到，冬奥厨房中并没有任何厨师或者服务人员，只有一排排的人工智能机器人在为大家做菜。值得一提的是，机器人们不仅能做简单的热饭工作，它

图2-5 机器人在厨房准备午餐

们甚至还可以变身"大厨"，为人们烹煮佳肴，你能想到的大部分美食，它基本都能做得出来，包括煲仔饭、炒饭以及汉堡等。

搬运类

搬运类机器人是一种用于搬运重物的家用应用机器人。

法国研制的一种小型人形机器人NAO，身高58厘米、重不到5千克（见图2-6）。这个脑袋里装有中央处理器的机器人其实脸上所有的器官都藏有玄机：它的脑门上有一个触摸传感器，眼睛能够发射红外线，耳朵实际上是个扬声器。它被称为是"可自治的家庭伙伴"，因为它可以完全程序化，自由度达到25级，可以轻易做出各种复杂的动作，如它可以手抓物体、可以处理影像与声音、可用声呐系统侦测周遭的环境，多媒体功能包括High-Fi 扩音器、麦克风和CMOS 数码相机。

NAO机器人具备一定程度的人工智能，能够与人亲切地互动，是目前世界学术领域运用广泛的类人机器人之一

图2-6 NAO机器人

不动类

不动类机器人指安装在固定地点的家用机器人。它通过嵌入式软件进行操作，通过传感器感知，通过网络与人交流。例如，可上网的电冰箱：当冰箱里的储备变少时，它可以自动向食品零售店发去订单。图2-7所示为能帮到人们的家用机器人。

图2-7 家用机器人能帮到你

移动助理类

移动助理类机器人品种很多，从个人应用到军事应用都有，是市场潜力很大的机器人之一。当你向某人问好时，这个助理机器人可以通过语音识别引擎、小麦克风和摄像头等设备把对方的名字、低分辨率的照片存储到地址簿里。当你再遇到这个人时，助理机器人就会小声地告诉你他是谁。

类人类

类人机器人是孩子们和科技迷梦寐以求的高科技产品。科学家和艺术家也在这方面不断做出努力，试图给机器人一个人的外形，但类人机器人也是开发难度极高的机器人之一，因为大家希望从它身上看到人的表情和反应。

类人机器人可以用于娱乐和服务。科学家们正在开发更智能的软件，使机器人能和人进行交流并具备学习能力。从某种角度说，类人机器人的研发是真正考验人类智慧的行为，如图2-8所示为本田公司研制开发的类人机器人ASIMO。

图2-8 本田公司的类人机器人ASIMO

 思考：

家用机器人深入家庭后会给人们带来便捷还是惰性呢？

机器人也能是医生

文/王宝会、邢益凡、杨虎森（北京航空航天大学）

在就医过程中你有没有碰到过这样一些烦恼，如路途遥远、流程烦琐、等候时间长等？当机器人逐渐融入医疗领域，机器人取代医生给你做手术时，你会更紧张还是更放松？

临床医疗

临床医疗用机器人包括外科手术机器人和诊断与治疗机器人，这类机器人可以辅助医生进行精确的外科手术或诊断（见图2-9）。

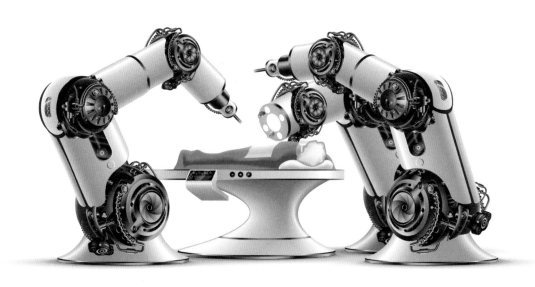

图2-9 未来，机器人可以辅助医生进行手术

2015年2月7日，手术机器人"达·芬奇"在武汉协和医院完成湖北省首例机器人胆囊切除术。"达·芬奇"机器人由三部分组成：按人体工程学设计的医生控制台，4臂床旁机械臂系统，高清晰三维视频成像系统（见图2-10）。

与传统手术相比，"达·芬奇"机器人手术有3个明显优势：突破了人眼的局限，使手术视野放大20倍；突破人手的局限，7个维度操作，还可防止人手可能出现的抖动现象；无需开腹，创口仅1厘米，出血少、恢复快，术后存活率和康复率会得到大大提高。

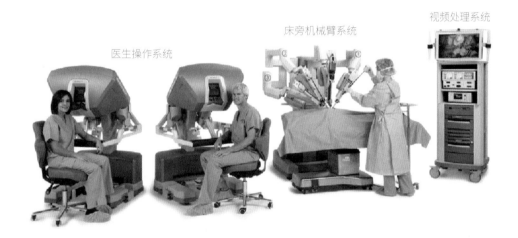

图2-10 "达·芬奇"手术机器人系统

机器人小课堂：手术机器人"达·芬奇"

"达·芬奇"手术机器人是目前世界上最先进的用于外科手术的机器人，其最初目的是用于外太空的探索，为宇航员提供医疗保障和远程医疗。目前，全世界手术机器人装机3079台，其中美国2153台，中国已有31台。

为残疾人服务的机器人

为残疾人服务的机器人又叫康复机器人，它可以帮助残疾人恢复独立生活的能力。如图2-11所示为日本Cyberdyne公司研发的人体外骨骼产品，该公司的技术利用神经信号来检测穿戴者的意愿，从而在做出动作前施加辅助力。

图2-11 帮助人康复的外骨骼产品

护理机器人

英国科学家正在研发一种护理机器人，能用来分担护理人员烦琐的护理工作。新研制的护理机器人将帮助医护人员确认病人的身份，并准确无误地分发病人所需药品。将来，护理机器人还可以检查病人体温、清理病房，甚至通过视频传输帮助医生及时了解病人病情（见图2-12）。

图2-12 日本开发的医护机器人大白ROBEAR，可以辅助病人移动和站立（图片来源/日本理化研究所）

医用教学机器人

医用教学机器人是理想的教具。美国医护人员目前使用一部名为"诺埃尔"的教学机器人，它可以模拟即将生产的孕妇，甚至还可以说话和尖叫。通过模拟真实接生，有助于提高妇产科医护人员手术配合和临场反应能力。

 思考：

你还知道哪些医用机器人？

各式各样的工业机器人

文/王宝会、邢益凡、杨虎森（北京航空航天大学）

　　工业机器人是广泛用于工业领域的多关节机械手或多自由度的机器装置（见图2-13）。目前，工业机器人被广泛应用于电子、物流、化工等各个工业领域之中，例如，机器人焊接工作站、机器人抛光打磨工作站、机器人上下料和码垛工作站、机器人装配工作站等。

图2-13 工业机器人

搬运

在各类工厂的货物搬运方面，极高自动化的机器人被广泛应用，因为人工搬运往往工作强度大、耗费人力，员工不仅需要承受巨大的压力，而且工作效率低。搬运机器人则能够根据搬运物件的特点，以及搬运物件所归类的地方，在保持其形状和物件性质不变的情况下，进行高效的分类搬运，使得装箱设备每小时能够完成数百块的码垛任务（见图2-14）。

图2-14 搬运重物的机器人

焊接

焊接机器人主要承担焊接工作，因为不同的工业类型有着不同的工业需求，所以常见的焊接机器人有点焊机器人、弧焊机器人、激光机器人等。汽车制造行业是焊接机器人应用最广泛的行业，焊接机器人在焊接难度、焊接数量、焊接质量等方面就有着人工焊接无法比拟的优势（见图2-15）。

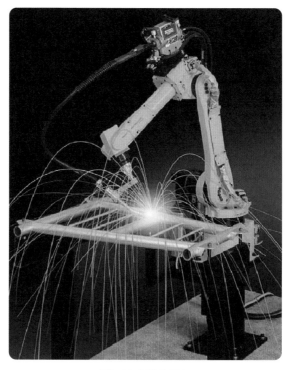

图2-15 焊接机器人

装配

在工业生产中，零件的装配是一件工程量极大的工作，需要大量的劳动力，曾经的人力装配因为出错率高、效率低而逐渐被工业机器人代替。装配机器人的研发结合了多种技术，包括通信技术、自动控制、光学原理、微电子技术等。研发人员根据装配流程，编写合适的程序，并将其应用于具体的装配工作。装配机器人的最大特点，就是安装精度高、灵活性大、耐用程度高。因为装配工作复杂精细，所以我们选用装配机器人来进行电子零件、汽车精细部件的安装。

检测

机器人具有多维度的附加功能。它能够代替工作人员在特殊岗位上的工作，比如，在高危领域：核污染区域、有毒区域、高危未知区域进行探测，还有人类无法具体到达的地方，如病人患病部位的探测、工业瑕疵的探测、在地震救灾现场的生命探测等均有建树（见图2-16）。

图2-16 在2015世界机器人大会上的管道检查机器人

根据数据统计显示，2016—2017年，全球工业机器人的总销量已经从29.4万台突破到34.6万台，可见工业机器人应用范围之广。我国工业和信息化部、发展改革委和财政部联合印发的《机器人产业发展规划（2016—2020年）》中提出：大力发展机器人产业，对于打造中国制造新优势、推动工业转型升级、加快制造强国建设具有重要意义。

 思考：

你还知道哪些工业机器人？

大显身手的搜救机器人

文/王宝会、邢益凡、杨虎森（北京航空航天大学）

2013年4月20日，四川雅安发生地震后，中科院沈阳自动化所科研人员迅速反应，当天下午组成临时搜救队随同机器人急赴灾区开展救援工作。搜救机器人配备彩色摄像机、夜视摄像头、热成像仪等生命探测设备，用于在废墟中寻找生命，提高了搜救效率与准确度。图2-17所示为近年来用于山区搜救、水下救援、海上预警、火灾救援的无人机。接下来，我们一起来看看有哪些搜救机器人。

图2-17 近几年，无人机用于山区搜救、水下救援、海上预警、火灾救援

灾后救援机器人

我国在"十一五"期间，已经将"废墟搜索与辅助救援机器人"项目列入国家"863"重点项目，由中科院沈阳自动化所机器人学国家重点实验室与中国地震应急搜救中心联合承担研制，并成功研制出"废墟可变形搜救机器人、机器人化生命探测仪、旋翼无人机"三款机器人。这三款机器人

图2-18 搜索和救援机器人

曾经被国家地震局评为"十一五"以来最具应用实效的10项科技成果之一。图2-18所示为搜索和救援机器人。

机器人小课堂：救援机器人又哪些优势？

第一，传感探测能力强。救援机器人可以通过携带多种传感器，实现对废墟内的图、声、气、温等检测，来有效锁定受害者的位置。

第二，降低救援人员的风险。救援机器人救援可以辅助或替代救援人员，避免二次倒塌所带来的伤害，降低救援人员的风险。

第三，搜救效率高。救援机器人机动性和搬运破拆能力强，而且通过电池补给可以连续工作，提高搜救效率。

第四，行进速度快。救援机器人体积小、行动迅速，不会受周围危险环境影响。

水下救援机器人

水下救援机器人也称无人遥控潜水器，是一种工作于水下的极限作业机器人。因为水下环境恶劣危险、人的潜水深度有限，所以水下救援机器人已成为开发海洋的重要工具，其概念图如图2-19所示。

图2-19 水下救援机器人概念图

与基于传统螺旋桨推进的水下航行器相比，机器鱼实现了推进器与舵的统一，从而更加适合在狭窄、复杂和动态的水下环境中进行监测、搜索、勘探及救援等作业（见图2-20）。

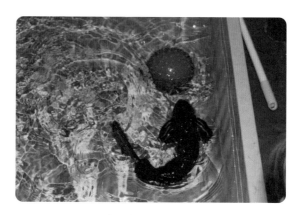

图2-20 正在进行水球比赛的仿生机器鱼

除了以上提到的救援机器人，还有军用救援机器人、灾难侦察机器人等。这些救援机器人为救死扶伤立下汗马功劳。

 思考：

你还知道哪些搜救机器人？

不可想象的未来机器人

文/王宝会、邢益凡、杨虎森（北京航空航天大学）

在未来，人类会与机器人密不可分。其中，家用机器人会成为家庭的一员；工业机器人会替代绝大部分工厂中某一些重复性较高的工位、巡逻的岗位等；军用机器人会成为军事一大助力，在战场上能够预料先知，并提供更有效的作战方案等（见图2-21）。

图2-21 未来机器人

人机 "对话"

　　未来智能机器人的语言交流功能会越来越完美化。在人类的完美设计程序下，它们能轻松地掌握多个国家的语言，并且有远高于人类的学习能力，能够做到轻松无障碍地与人交流，如图2-22所示。

图2-22 机器人与人交流

未来机器人将拥有更灵活的类似人类的关节和仿真人造肌肉，使其动作更像人类，从而模仿人的所有动作，甚至做得更好。机器人还有可能做出一些普通人很难做出的动作，如平地翻跟斗、倒立等。如图2-23所示，为ABB公司生产的YuMi折纸机器人。

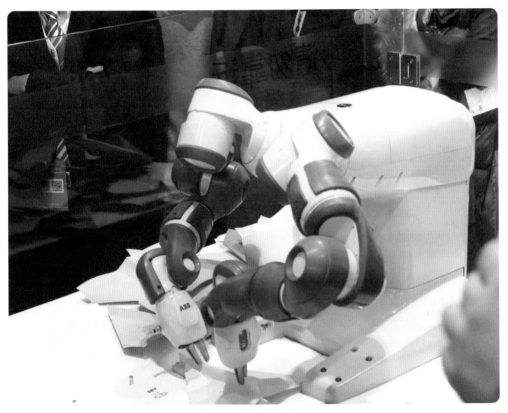

图2-23 折纸机器人YuMi

更像"人"

对于未来机器人，仿真程度很有可能达到即使你近在咫尺细看它的外在，你也只会把它当成人类，很难分辨出它是机器人，这种状况就如美国科幻大片《终结者》中的机器人物造型，具有完美到极致的人类外表（见图2-24、图2-25）。

图2-24 《终结者》系列中终结者的假皮肉被破坏后露出机器人外表

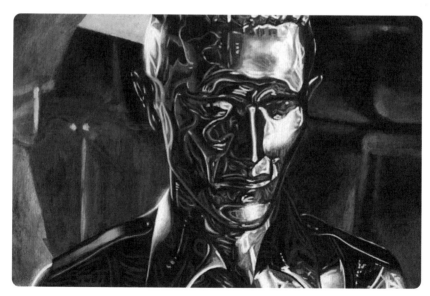

图2-25 剧照：《终结者2》里还出现了随意变形的液态金属机器人

自我修复

　　未来智能机器人将具备越来越强大的自行复原功能，对于自身内部零件等运行情况，机器人会随时自行检索一切状况，并做到及时修复。它的检索功能就像我们人类感觉身体哪里不舒服一样，是智能意识的表现。

储能更多，待机更长

　　未来很可能制造出一种超级能量储存器，而且是自行充电的，但有别于蓄电池在多次充电放电后，其蓄电能力会逐步下降的缺点，能量储存器基本可以永久保持储能效率，且充电快速而高效，其单位体积储存能量相当于传统大容量蓄电池的百倍以上，也许这款能量储存器将成为智能机器人的理想动力供应源。

逻辑分析强

　　未来机器人会不断地被科学家赋予许多逻辑分析程序功能，这也相当于是智能的表现，如机器人自行重组相应词汇成新的句子就是其逻辑能力的完美表现形式。

多样化变形功能

　　未来高级智能机器人还会具备多样化的变形功能，例如，从人形变成一辆豪华的汽车，这似乎是真正意义上的变形金刚了，它载着你到处驰于你想去的任何地方，这种比较理想的设想在未来都是有可能实现的。如图2-26所示，为《变形金刚》中超人气角色大黄蜂Bumblebee，其可以变为多款汽车造型，深受小朋友喜爱。

未来，机器人将会以怎样的方式改变我们的生活呢？让我们拭目以待吧！

图2-26 剧照：《变形金刚》里超人气角色大黄蜂Bumblebee

 **思考：**

人类制造出的机器人正在拥有越来越多人类不具备的优点，有没有一天会出现真正"完美"的机器人？那会是什么样呢？

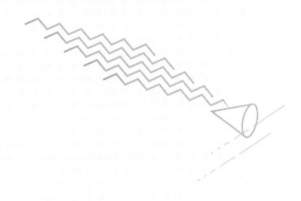

PART 03
搭建机器人的身体

齿轮和齿轮组

文/图 梁潇、崔更新（北京理工大学附属小学）

　　齿轮是能互相啮合的有齿的机械零件，齿轮的轮缘上有齿轮能连续啮合传递运动和动力。齿轮在机械传动及整个机械领域中的应用极其广泛。

　　在西方，公元前300年古希腊哲学家亚里士多德在《机械问题》中，就阐述了用青铜或铸铁齿轮传递旋转运动的问题。在我国，东汉初年（公元 1世纪）已有人字齿轮，现代的人字齿轮见图3-1。三国时期出现的指南车和记里鼓车已采用齿轮传动系统，见图3-2。晋代杜预发明的水转连磨就是通过齿轮将水轮的动力传递给石磨的。在本小节里，我们将学习常见的齿轮分类和齿轮传动的特性。

图3-1 人字齿轮

图3-2 与齿轮有关的装置——指南车的绘画作品

（图片来源/刘夕庆）

正齿轮及其传动特性

生活中常见的齿轮是直齿圆柱齿轮，也叫正齿轮。正齿轮的特征是轮齿与轴线平行，图3-3所示的齿轮就是正齿轮。

图3-3 正齿轮

齿轮上的每一个凸起部分被形象地称为"齿"，你看它是不是与嘴里的牙齿很相似？一个齿轮上拥有的齿数是齿轮的最重要的参数，请你数一数图3-4中的4个齿轮各有多少齿？这4个齿轮的齿数关系又是怎样的？

a.8齿正轮

b.16齿正轮

c.24齿正轮

d.40齿正轮

图3-4 不同齿数的齿轮

机器人小课堂：齿轮组的转动方向

如图3-5所示，将两个正齿轮连接在一根圆梁上，使它们互相啮合，这就形成了一个齿轮组。观察这两个齿轮的转动方向有什么特点？

图3-5 相邻齿轮的转动方向

结论：相邻齿轮的转动方向相反。

如图3-6所示，将3个正齿轮连接在一根圆梁上，使它们互相啮合。观察这3个齿轮的转动方向有什么特点？

图3-6 间隔齿轮的转动方向

结论：间隔1个齿轮的两个齿轮转动方向一致。

加速齿轮组与减速齿轮组

　　将两个齿轮安装在一起，为齿轮组提供动力的齿轮被称为"主动轮"，另外一个叫"被动轮"，如果主动轮的转动速度小于被动轮的转动速度则该齿轮组被称为"加速齿轮组"。反之，如果主动轮的转动速度大于被动轮的转动速度则该齿轮组被称为"减速齿轮组"。

机器人小课堂：齿轮组的转动方向

　　请同学观察图3-7中的两个齿轮组，总结出加速齿轮组和减速齿轮组构成特点。

a.加速齿轮组　　　　　　　　　　b.减速齿轮组

图3-7 齿轮组

结论：

　　主动轮是大齿轮，带动小齿轮转动，这样的齿轮组是加速齿轮组，此时的被动轮转速比主动轮快。

　　主动轮是小齿轮，带动大齿轮转动，这样的齿轮组是减速齿轮组，此时的被动轮转速比主动轮慢。

 **思考：**

如图3-8所示，40齿正齿轮带动8齿正齿轮，速度增加了多少倍？

图3-8 计算加速比

○ **小提示：** 数一数，40齿正齿轮转动一圈，8齿正齿轮转动几圈，就是速度增加了多少倍。

齿轮组的速度与扭矩

扭矩也称"转矩"，是使物体发生转动的力。如图3-9所示，当你拧开瓶盖和用扳手拧紧螺丝时，使瓶盖和螺丝转动起来的力就称为"扭矩"。通俗地讲，扭矩就是使物体转动的力量，如果一个机械装置能够产生的转动力量大，我们就称其扭矩大。齿轮组的速度与扭矩的关系具体如图3-10所示。

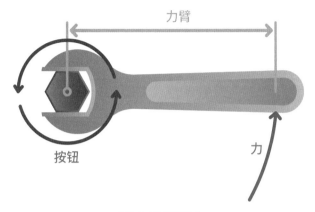

力臂

按钮

力

图3-9 扭矩示意图

a.40齿正齿轮带动8齿正齿轮,速度增加到原来的5倍　　b.8齿正齿轮带动40齿正齿轮,速度减少到原来的1/5

图3-10 齿轮组的速度与扭矩的关系

O 试一试

　　制作4个齿轮组,用手分别转动4个齿轮组上黄色的轴连接器,体会哪个装置驱动轮子最省力、哪个最费力。省力的装置说明这个齿轮组能够产生较大的扭矩;反之,费力的装置说明这个齿轮组能够产生的扭矩小。

○ 结论

加速齿轮组的扭矩小，减速齿轮组扭矩大。从理论上讲，在不考虑摩擦力的情况下，齿轮组增加了几倍的速度，其产生的扭矩就会减少到原来的几分之几；反之，速度减少到原来的几分之几，所产生的扭矩就会增加到原来的几倍。齿轮组速度与扭矩的关系如表3-1所示。

表3-1 齿轮组速度与扭矩的关系

主动轮	从动轮	速度变化	扭矩变化
40齿	8齿	增加，是原来的5倍	减少，是原来的1/5
8齿	40齿	减少，是原来的1/5	增加，是原来的5倍

○ 拓展与提高 通过实验探究多个齿轮组成的齿轮组的速度变化

如图3-11所示，齿轮组的主动轮为40齿正齿轮，从动轮为8齿；在主动轮和从动轮之间有一个24齿的传动齿轮，问该齿轮组中间的传动齿轮的齿数与整个齿轮组的速度变化的关系是怎么样的呢？

图3-11 多级齿轮传动

○ 结论

位于主动轮（40齿正齿轮）和从动轮（8齿正齿轮）之间的齿轮（24齿正齿轮）只起到了传动的作用，不会改变速度的变化。因此，这样的齿轮组速度变化只考虑主动轮与从动轮。

机器人小课堂：同轴齿轮组的速度变化

如图3-12所示，齿轮轴心连接在同一根轴上的齿轮是同轴齿轮，同轴齿轮多用于多级传动系统中。不管同轴的两个齿轮的齿数相差多大，大齿轮转一圈，小齿轮同样也是转一圈。

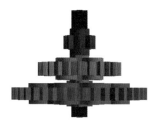 

图3-12 同轴齿轮组

思考：

如图3-13所示的齿轮组，主动轮通过同轴齿轮带动从动轮，速度增加了多少倍？

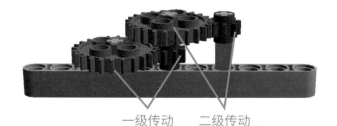

一级传动　　二级传动

图3-13 同轴齿轮组的传动速度

○ 结论

在这个齿轮组中，一级传动增加了3倍速度，二级传动增加了3倍速度。这样，总的增速就是9倍。

 **实践探究**

活动内容 1：

如图3-14所示，齿轮轴心连接在同一根轴上的齿轮是同轴齿轮，同轴齿轮多用于多级传动系统中。不管同轴的两个齿轮的齿数相差多大，大齿轮转一圈，小齿轮同样也是转一圈。

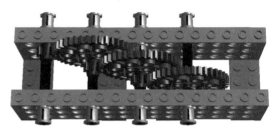

图3-14 大扭矩齿轮组示例

○小提示： 在图3-14中，由于大扭矩齿轮系统中齿轮数量较多，所以在固定齿轮转动轴时，要用梁在两侧将之固定。

活动内容 2：

制作一个起重机，尽可能地提起更多的重物，如图3-15所示。

图3-15 大扭矩齿轮组示例

伞状齿轮、冠状齿轮与差速器

文/图 梁潆、崔更新（北京理工大学附属小学）

　　同学们在日常生活中是否注意过正在转弯的汽车（见图3-16）？请大家仔细观察，看看正在转弯的汽车左侧轮子和右侧轮子走过的距离是否一致。细心的同学一定注意到了，汽车在转弯时内侧轮子行驶过的距离要比外侧轮子行驶过的距离短。那么，应该如何实现这个效果呢？本节，我们就来学习伞状齿轮、冠状齿轮与差速器。

图3-16 转弯的汽车

冠状齿轮与伞形齿轮

图3-17a所示为冠状齿轮，所谓冠状齿轮，就是齿尖朝一边的齿轮，由于与王冠相似，故而得名；图3-17b所示为伞形齿轮，伞形齿轮也被称为"锥形齿轮"，因为它看起来很像一把张开的伞。

a.冠状齿轮

b.伞形齿轮

图3-17 冠状齿轮和伞形齿轮

如果想让齿轮传动的力在立体空间中改变90°，那么就要用到冠状齿轮或伞形齿轮。如图3-18所示，就是利用两个冠状齿轮或两个伞形齿轮配合将传动方向改变90°的效果。

a.利用冠状齿轮将传力改变90°

b.利用伞形齿轮将传力改变90°

图3-18 利用冠状齿轮或伞形齿轮将传力改变90°的效果

 **实践探究**

利用冠状齿轮和伞状齿轮改变传动方向

如图3-19所示，使用一个24齿的冠状齿轮和一个24齿的正齿轮，也能起到改变传动方向的效果，而且由于两个齿轮的齿数相同，所以这个齿轮组的传动比是1：1。

图3-19 利用冠状齿轮和正齿轮改变传动方向

○**试一试**：用8齿、16齿、24齿的正齿轮和24齿的冠状齿轮组成齿轮组，并且计算出传动比，并真实体验一下传动力量的改变。

伞形齿轮和差速器

文/图 梁潆、崔更新（北京理工大学附属小学）

由于汽车转弯时，汽车的内侧车轮和外侧车轮的转弯半径不同，外侧车轮的转弯半径要大于内侧车轮的转弯半径，这就要求汽车在转弯时外侧车轮的转速要高于内侧车轮的转速，而差速器的作用就是为了满足汽车转弯时两侧车轮转速不同的要求。

图3-20a所示是一个差速器的模型，其中最左边中间灰杆是传动轴（输入轴），较大的灰色锥形齿轮负责接收来自输入轴的动力，之后通过输出轴将动力传递到车轮。差速器的关键就在于位于灰色框架的三个米黄色齿轮。其中，与传动轴上套着的大个米黄色齿轮平行的黄色齿轮叫"行星齿轮"，与灰色锥形齿轮平行的两组齿轮叫"太阳齿轮"。

参照图3-20b，当车辆直行时传动轴驱动大个米黄色齿轮，灰色锥形齿轮以及灰色框架随动，输出轴转动，车轮随之转动。在此情况下，差速器中的三个米黄色齿轮保持相对静止（太阳齿轮与灰色框架和灰色锥形齿轮同速转动）。

a.差速器模型

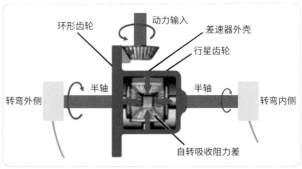
b.汽车差速工作原理

图3-20 差速器模型及其工作原理

当两侧车轮转速不同时，差速器内的三个齿轮之间：一方面，大个米黄色齿轮随传动轴继续转动，输入动力；灰色锥形齿轮和灰色框架随大个米黄色齿轮转动，输出动力；另一方面，转速较低或转速不同于传动轴转速一侧的太阳齿轮停止转动。对面的太阳齿轮和往常一样，继续和灰色锥形齿轮保持统一转速，保证对应轮胎正常旋转。此时，最关键的是所谓的"行星齿轮"，它因为一面轮胎的速度差而开始转动，从而达到了我们需要的"差速"效果。

实践探究

制作电动搅拌器

制作一个搅拌器，如图3-21所示，要利用上冠状齿轮或伞形齿轮。

a.电动搅拌器实物

b.电动搅拌器模型

图3-21 搅拌器实物和模型

思考:

尝试将自己做的搅拌器提高转速，并画出齿轮组部分的简单设计图。

蜗杆传动与齿条传动

文/图　梁潆、崔更新（北京理工大学附属小学）

　　前面我们学习了可以使用小齿轮带动大齿轮的方式增加扭矩，如果希望进一步增大可用扭矩，就必须增加所用齿轮的个数，而这样做会大大增加齿轮箱所占空间。同时，每增加一个齿轮，摩擦力也会随之增加，从而降低传动效率。而蜗杆结构就可以满足我们的这个需要，蜗轮、蜗杆可以用极简单的结构、极少的零配件、极小的空间得到很大的减速传动比，其常见的应用示例如小区门口的停车道闸（见图3-22）。本章前几节，我们研究的齿轮传动中的齿轮都是绕着轴做圆周运动，如果要将圆周运动转换为水平运动，就要用到一个新的部件——齿条。

图3-22 蜗杆结构被应用于停车道闸

　　如图3-23所示，蜗杆传动是指在空间交错的两轴间传递运动和动力的一种传动，两轴线间的夹角可为任意值，常用的为90°；且蜗杆结构能够得到很大的传动比，输出扭矩很大。请读者仔细观察图3-23中蜗杆的结构，就可以发现蜗杆每转动一圈，蜗轮只转动一个齿，因此我们可以将蜗杆想成"一齿齿轮"。此时，蜗轮的齿数越多，传动比也就越大，扭矩增加的也就越多。

蜗杆传动

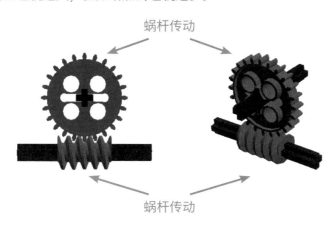

蜗杆传动

图3-23 蜗杆传动原理

机器人小课堂：同轴齿轮组的速度变化

使用蜗杆箱更容易制作蜗杆结构（见图3-24a），并在两根交错轴上安装上指针零件（见图3-24b），请读者搭建一个如图3-24所示的蜗杆结构，数一数蜗轮的齿数，并转动蜗杆，感觉下蜗轮上扭矩增加的情况。

数一数蜗轮和蜗杆转动的圈数

a.使用蜗杆箱制作蜗杆结构　　　　　b.在两根交错轴上装指针零件

图3-24 蜗轮的齿数与扭矩增加的关系

蜗杆结构的特点

蜗杆结构与齿轮组相比，除了能够得到很大的传动比，它还有一些结构特点，看看你能发现它们吗？

1.结构紧凑，传动平稳，噪声很小

请读者对比图3-25中的多级齿轮传动结构与蜗杆传动结构的体积，不难看出，在实现相同的扭矩输出时蜗杆结构所占用的体积要比多级齿轮传动结构小很多。此外，由于蜗杆结构使用的齿轮数量通常只有2个，所以蜗杆结构往往更加紧凑，传动起来也会更加平稳，产生的噪声也会小很多。

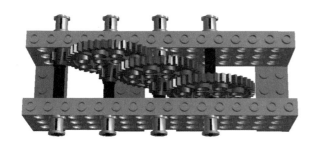

图3-25 多级齿轮传动与蜗杆传动结构的体积对比

2.自锁特性

单独转动蜗杆，蜗轮会随之转动；反之，单独转动蜗轮，蜗杆却不能随之转动，这是为什么呢？如图3-26所示，当蜗轮转动时，从结构上看，蜗杆应该向左右移动，但齿轮箱将蜗杆的左、右两端卡住了，使之无法移动，因此蜗轮也就无法转动了，这就是蜗杆结构的自锁特性。正是由于蜗杆的自锁特性，所以蜗杆结构经常被应用于像停车道闸这种需要在失去动力时提供自锁保护的应用场景中。

图3-26 蜗杆结构的自锁性与应用

 实践探究

1. 制作无齿轮箱的蜗杆结构

用蜗杆箱来制作蜗杆结构，方便易用，但只能用24齿正齿轮与蜗杆搭配，如果我们需要其他的传动比，就需要自己制作蜗杆结构了。

○**探究内容：**根据图3-27提示，制作一个没有齿轮箱的蜗杆结构，注意结构牢固，蜗轮与蜗杆间啮合要紧凑。建议尝试使用多种齿轮作为蜗轮部分。

图3-27 几种无齿轮箱的蜗杆结构

2. 设计制作停车道闸模型

○**探究内容：** 根据图3-28提示，使用蜗杆结构制作一个小区门口的起落杆，并使用电机带动，特别注意体会蜗杆结构的自锁特性。

图3-28 电动停车道闸

前几节，我们研究的齿轮传动中的齿轮都是绕着轴做圆周运动，如果要将圆周运动转换为水平运动，就要用到一种特殊的齿轮——齿条，如图3-29所示。

图3-29 齿条

如图3-30所示，齿条与齿轮组成齿轮齿条机构，可以把齿条的平动转化成齿轮的转动，也可以把齿轮的转动转化成齿条的平动。由于齿条每移动一个齿，与之相啮合的齿轮也移动一个齿，所以齿轮齿条结构的传动比是1:1。

图3-30 齿条机构

1. 制作齿条传动结构

如图3-31所示，制作齿轮齿条结构时应该注意以下两点：

a.齿条两端无固定物   b.齿条两端有固定物

图3-31 齿条两端有固定物和没有固定物的两种齿条结构

（1）齿轮与齿条之间的啮合度要适宜，不能过于贴近，也不能远离，找到相匹配的齿轮是很重要的，当然也可以通过调整固定齿轮的支架高度找到最佳位置。

（2）当齿条两端无固定物时，齿轮移动到齿条两端尽头会脱离底座。因此，在齿条两端要有固定物，防止齿轮从齿条两侧尽头脱离底座。

2. 设计制作各种齿条传动结构

如图3-32所示，齿条结构多种多样，你能设计出多少种齿条传动结构呢？

图3-32 各种各样的齿条传动结构

○**拓展提高** 利用蜗杆传动结构和齿条传动结构设计电动车。

如图3-33所示，这是一种利用蜗杆驱动与齿条转向的电动小车，读者们可以在此基础上设计自己的电动小车。

图3-33 蜗杆驱动与齿条转向的电动车

○**比一比：**看看谁的小车速度更快、转向更灵活。

滑轮和滑轮组

文/图 梁漾、崔更新（北京理工大学附属小学）

2021年7月28日，中国选手石智勇在东京奥运会的赛场上以364公斤的总成绩赢得金牌并打破了世界纪录，他的挺举成绩是198千克。我们知道成年男性的标准体重在70千克左右。换句话说，举重世界纪录的保持者也只能举起不超过自身体重3倍的重量，那么我们能不能通过某种机械来举起数倍于自身体重的物体呢？图3-34所示为一幅套色版画，画中描绘了应用于船靠岸的定滑轮和动滑轮。本小节，我们就来学习利用滑轮和滑轮组实现这一目标。

图3-34 最早应用于船靠岸的定滑轮和动滑轮（画中间下部）都属于简单的机械装置（套色版画）
（供图/刘夕庆）

滑轮

滑轮是一个周边有槽，能够绕轴转动的小轮，即由可绕中心轴转动有沟槽的圆盘和跨过圆盘的柔索（绳、胶带、钢索、链条、皮筋等）所组成的可绕中心轴旋转的简单机械。滑轮主要的功能是牵拉负载、改变施力方向、传输功率等。

关于滑轮的绘品最早出现于一幅西元前八世纪的亚述浮雕。这幅浮雕展示的是一种非常简单的滑轮，它只能改变施力方向，主要目的是为了方便施力。在中国，滑轮装置的绘制最早出现于汉代的画像砖、陶井模，在《墨经》里也有记载关于滑轮的论述。

定滑轮

古希腊人将滑轮归类为简单机械。早在公元前400年，古希腊人就已经知道如何使用复式滑轮了。据说，阿基米德曾经独自使用复式滑轮拉动过一艘装满了货物与乘客的大海船。

如图3-35所示，使用滑轮时，轴的位置固定不动的滑轮称为"定滑轮"。定滑轮实质上是动力臂等于阻力臂的杠杆。定滑轮的功能是改变力的方向，但不能省力，并且施力端运动距离和物体上升距离相同。

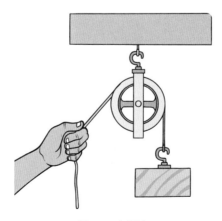

图3-35 定滑轮

动滑轮

如图3-36所示，如果滑轮轴的位置随被拉物体一起运动则该滑轮称为"动滑轮"。动滑轮实质是动力臂等于2倍阻力臂的杠杆（省力杠杆）。它不能改变力的方向，最多能够省一半的力，但是不省功，并且施力端上升距离是物体上升距离的两倍。

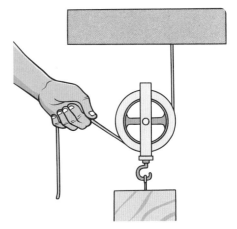

图3-36 动滑轮

滑轮组

如图3-37所示，多个滑轮共同组成的机械称为"滑轮组"或"复式滑轮"。滑轮组可以兼顾定滑轮可以改变力的方向和动滑轮可以省力的优点，在生活中有着广泛的用途。

图3-37 滑轮组

○ 试一试

搭建如图3-37所示的滑轮组，体会定滑轮和动滑轮的作用。

实践探究

滑轮转动的方向

如图3-38a、图3-38b所示，使用皮筋将两个滑轮连接，观察并分析滑轮转动的方向。

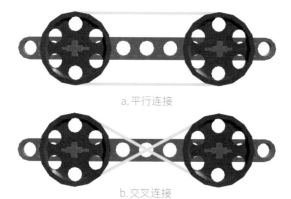

a.平行连接

b.交叉连接

图3-38 滑轮平行或交叉连接的转动方向

滑轮转动的速度

如图3-39所示，滑轮转动的速度与滑轮的大小有关，用绳索连接在一起的滑轮，直径越小的滑轮转动得越快。

图3-39 滑轮转动的速度

如图3-40所示，当两个滑轮以同一根轴为轴心转动时，它们就好像同轴齿轮一样，转动速度是一样的。

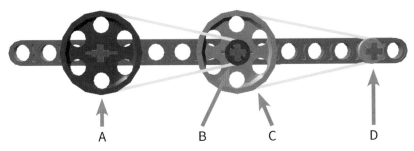

图3-40 同轴滑轮的转动速度

◯**想一想：**图3-39和图3-40所示的机械结构中4个滑轮转动的速度，哪个最快？哪个最慢？

◯**拓展提高**　如图3-41所示，是升旗装置。在升国旗时，旗杆上方的滑轮是什么滑轮？它的作用是什么？

图3-41 升旗装置

　思考：

在生活中有很多使用不同滑轮的工作场景，找一找你身边有哪些物品上具备滑轮特征的装置？

让机器人动起来

文/图　梁潆、崔更新（北京理工大学附属小学）

常言道："生命在于运动"，机器人也不例外。机器人的运动一般可以分为两类：第一类是机器人自身位置的改变，如机器人的前进、后退、左转和右转等；第二类是机器人为了完成某项任务所进行的动作，如表演书法的机器人的书写动作等（见图3-42）。在本书第一部分介绍过机器人的四个组成部分，其中驱动系统就是用来实现机器人自身位置改变的，而执行系统则是用来配合机器人完成具体的任务。本节中，我们就来看看让机器人动起来的秘密。

图3-42 表演书法的机器人

动力源

　　不管是实现机器人自身位置的改变还是需要机器人完成特定的任务，都离不开动力源。早期的机器人使用水力、风力、发条等作为动力来源，第一次工业革命给我们带来了蒸汽动力，第二次工业革命给我们带来了内燃机和电气化。而现代的机器人主要采用三种驱动方法，即液压驱动、气动驱动和电动机

图3-43 直流电机和减速马达

驱动。在这三种驱动方式中，因为电动机体积小、容易控制，所以应用最为广泛。如图3-43所示，就是一种常用的直流小电机和用它驱动的减速马达内部的结构，大家是不是能够看到减速马达内部为增大扭矩而使用的齿轮组呢？

直流电机的工作原理

　　相信大家都清楚直流电机是靠电流驱动的。为了使大家更好地理解直流电机的工作原理，我们介绍一位伟大的物理学家——法拉第。如图3-44所示，英国物理学家法拉第通过多次实验发现，通电导线在磁场中会受到力的作用，而受力的大小和方向与电流和磁场的大小和方向都有关系。我们把法拉第的这个

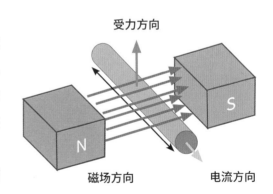

图3-44 法拉第发现的电磁感应定律

发现称为"法拉第电磁感应定律"，直流电机就是在法拉第电磁感应定律的基础上发明的。

如图3-45所示，给直流电动机的电刷加上直流电，则有电流流过转子线圈，根据法拉第电磁感应定律，两段导体受到的力形成转矩，转子就会转动。要注意的是，直流电机外加的是方向不变的直流电，由于电刷和换向片的作用，线圈中流过的电流却是交流的，因此产生的转矩方向保持不变，直流电机就在电流的作用下就持续转动起来了。

图3-45 直流电机工作原理

直流电机的工作原理

如图3-46所示，由于直流电机的扭矩较小，所以一般机器人上使用的都是直流减速电机。常用的直流减速电机有蜗杆传动减速电机（图3-46a）、行星齿轮传动减速电机（图3-46b）、直齿轮减速电机（图3-46c）。大家看一看，是不是有似曾相识的感觉呢？这些结构在我们向大家讲解如何搭建机器人的身体时都有过介绍。

a.蜗杆减速电机内部　　　　　　　　b.行星减速电机内部(拆解)

c.EV大型马达内部　　　　　　　　d.行星减速电机内部(整体)

图3-46 不同的直流减速电机

不同底盘的机器人

机器人的底盘集成了诸多不同的传感器，包括激光雷达、视觉导航、超声波、红外传感器等，更承载了机器人本身的定位、导航、移动和避障等功能，这些是机器人必不可少的硬件组成系统。不同的机器人对底盘的要求也不同，如扫地机器人需要的是成本较低的带激光导航的底盘，工业机器人则需要精度更高的底盘等。目前，依据机器人底盘的不同，可将其分为轮式机器人和履带机器人两类。

1.轮式机器人

轮式机器人，顾名思义指的是搭载轮子作为底盘机构的机器人。轮式机器人具有速度快、效率高、运动噪声低等优点，其缺点是越障能力和地形适应能力差，如上楼梯、跨越沟壑难以实现。

根据转向方式的不同，轮式底盘机器人又可以分为差速转向和前轮转向两种。如图3-47a所示，为采用差速转向的轮式机器人，此种机器人至少需要两个独立电机来驱动左、右两边的轮子，当左、右两个电机的转速相同时，机器人前进或后退；当左轮速度大于右轮速度时机器人右转；当右轮速度大于左轮速度时机器人左转。如图3-47b所示，是上节课我们制作的利用齿轮齿条结构转向的轮式机器人，这种轮式机器人的前进方向则是由前轮的方向控制的。

a.差速转向

b.前轮转向

图3-47 轮式机器人的转向方式

2.履带式机器人

履带式机器人（见图3-48），主要指搭载履带底盘机构的机器人。履带移动机器人具有牵引力大、不易打滑、越野性能好等优点，这种机器人可适用于野外、城市环境等，能在各类复杂地面运动，如沙地、泥地等，但其速度相对较低且运动噪声较大。当前履带式机器人主要包括：军用机器人——排爆机器人、反恐机器人等；民用机器人——消防机器人、救援机器人、巡逻机器人等。

图3-48 履带式机器人

移动控制

不管是哪种的机器人，精确地行进都是其最基本的功能，本小节将以乐高轮式机器人为例来说明如何通过左、右两个电机配合来实现机器人前进、后退、左转和右转。

1.左、右轮的功率与轮式机器人的运行状态

前面已经讲过，作为差速转向的轮式机器人，当机器人左、右轮正转且功率一样时，机器人直线前进；反转且功率一样时，机器人直线后退。如果机器人要实现转弯，则需要左、右轮的相互配合。机器人在转弯时，根据旋转中心的不同，可以简单分为两轮中心、左轮、右轮以及其他。

假定左、右轮之间的轮距是L厘米且电机正转时的功率为正，功率越大转速越快；电机反转时的功率为负，功率越小（绝对值越大）转速越快。当左、右轮功率都不是0时，左、右轮的功率与机器人的运行状态关系如表3-2所示。

表3-2 左、右轮功率与机器人运行状态

序号	左轮功率		右轮功率	运行状态	旋转中心	转弯半径
1	正转	=	正转	直线前进	/	/
2	反转	=	反转	直线后退	/	/
3.1	正转	>	停止	右转	右轮	L
3.2	正转	>	反转		两轮中心	L/2
3.3	停止	>	反转		左轮	L
4.1	停止	<	正转	左转	左轮	L
4.2	反转	<	正转		两轮中心	L/2
4.3	反转	<	停止		右轮	L
5	停止	=	停止	停止	/	/

分析表3-2，当左、右轮速度一致时，旋转方向为正转时，机器人前进；旋转方向为反转时，机器人后退。当右轮的速度小于左轮的速度时，机器人右转；当左轮的速度小于右轮的速度时，机器人左转。除了以上简单的情况，还有比较复杂的情形，例如，当左、右轮都正转且左边功率大于右边的功率时，机器人也会左转，但转弯半径会比较大。其他情形也可以在掌握上述简单的情形下进行推理掌握。

简而言之，当机器人左、右功率不一致时，机器人朝功率小的一侧转弯。当两个轮子的功率差越大时，机器人的转弯半径越小，则转弯效率越高；当两个轮子的功率差越小时，机器人的转弯半径越大，转弯效率越低。在实际的竞赛比赛中，经常采用3.2和4.2的情形来实现快速转弯，这是因为节约时间且转弯半径小。

2.程序编写

本小节使用Lego Mindstorms Education EV 3编写机器人的运动程序。其他软件以此类推，原理相同。本小节搭建的乐高轮式机器人，左边的电机接B端口，右边的电机接C端口。根据上述分析的左右轮配合来编写程序实现机器人前进、后退和转弯的功能。

在该软件中要实现上述功能，使用的模块是"移动转向""移动槽"。常见的参数有端口选择、模式选择（秒数、度数和圈数）、转向（控制方向）、功率和是否急停等，具体如图3-49所示。

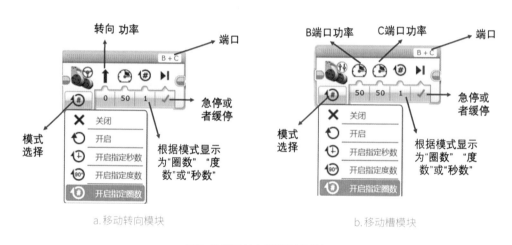

图3-49 移动转向和移动槽模块

请大家认真观察上述两个模块，可以发现移动转向模块的转向参数能够显示机器人的运行状态是前进、后退还是转弯。其中箭头越弯，代表左、右的功率差越大、转弯越迅速，移动转向模块会自动调节左、右轮功率如何配合。移动槽模块则通过分别手动控制左、右两个功率来控制机器人如何行进。

结合上述的讲解，编写具体的程序，具体参考表3-3所示。

表3-3 机器人运动控制程序

序号	程序	程序含义	备注
1		机器人以50的功率前进360°后急停	要实现后退功能,把功率改成-50即可
2		机器人以50的功率向左旋转360°后急停	移动转向模块可以改变转向参数
			移动槽模块可以自行更改左右功率
3		机器人以50的功率向左旋转360°后急停	移动转向模块可以改变转向参数
			移动槽模块可以自行更改左右功率

表3-3是基础的程序,可以在以上基础程序的基础上设置合适的参数,让机器人实现更多的功能。

○**拓展提高**　相信通过上面的学习，同学们已经掌握了让机器人行进的方法，赶快来尝试挑战下方的任务吧！

1.基础任务

○**任务要求**：请编写程序，让机器人从起点出发精确到达终点，详见图3-50a。

○**温馨提示**：使用电机内部自带的角度传感器测量度数。

2.拓展任务

○**任务要求**：请编写程序让机器人从起点出发顺时针或者逆时针精确走一个正方形再回到起点，详见图3-50b。

○**温馨提示**：可以尝试使用循环来编写程序，机器人会循环4次前进+转弯。

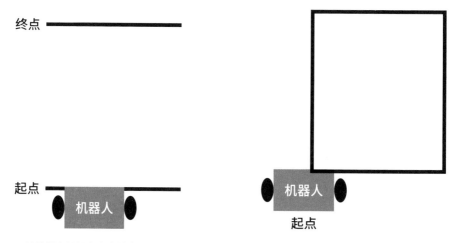

a.让机器人从起点出发精确到达终点　　　b.让机器人从起点出发顺时针或者逆时针精确走一个正方形再回到起点

图3-50 让机器人行进

仿生机器人

文/图 梁潇、崔更新（北京理工大学附属小学） 于雷（北京上地实验学校）

"仿生机器人"是指模仿生物、从事生物特点工作的机器人。仿生机器人具有生物和机器人的特点，这两种特性的结合使得仿生机器人在反恐防爆、抢险救灾、水下作业、探索太空等不适合由人来承担任务的环境中凸显出良好的应用前景。相比传统的轮式、履带式机器人，仿生类机器人最显著的优势是其运动的灵活性和对环境的适应性，足式形态使其能够适应复杂路面的行走，实现爬楼梯等动作，这些都是轮式、履带式机器人所不具备的特性。这一小节，我们就以多足步行机器人和仿人型机器人为例来介绍仿生机器人的搭建和控制方式。

仿生多足机器人

如图3-51所示，仿生多足机器人是模仿多足动物运动形式的特种机器人，它涉及生物科学、仿生学、机构学、传感技术及信息处理技术等领域。所谓多足，一般是指四足及四足以上，常见的多足步行机器人包括四足步行机器人、六足步行机器人、八足步行机器人等。

图3-51 四足仿生机器人

机器人小课堂：步态及步态控制

步态是指机器人的每条腿按一定的顺序和轨迹的运动过程，是确保步行机构稳定运行的重要因素。步态控制是使机器人按照规划的步态运动的一种控制方法。

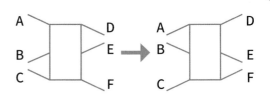

图3-52 仿生六足步行机器人的三角步态示意图

　　我们以仿生六足步行机器人的步态为例来说明仿生机器人步态控制的基本方法。如图所示，仿生六足步行机器人的步态是多种多样的，其中三角步态是六足步行机器人实现步行的典型步态。"六足纲"昆虫步行时，一般不是六足同时直线前进，而是将三对足分成两组，以三角形支架结构交替前行。目前，大部分六足机器人采用了仿昆虫的结构，6条腿分布在身体的两侧，身体左侧的前、后足及右侧的中足为一组，右侧的前、后足和左侧的中足为另一组，分别组成两个三角形支架，依靠大腿前后划动实现支撑和摆动过程，这就是典型的三角步态行走法。图3-52中机器人在前进时，A、C、E为一组，B、D、F为一组。当A、C、E脚为摆动脚时，B、D、F脚原地不动，只是支撑身体平衡；当B、D、F脚为摆动脚时，A、C、E脚原地不动，只是支撑身体平衡。

 思考：

1.除了三角步态行走法，六足机器人还可以有什么步态走法？

2.四足机器人的步态走法是什么样子的呢？

制作六足步行机器人

○**小提示:** 制作六足机器人（见图3-53）的关键点有三个：一是每条腿的动作，二是六条腿的联动，三是步态走法。

a.正面图   b.侧面图   c.底面图

图3-53 六足仿生步行机器人结构举例

 实践探究

制作四足步行机器人

为四足步行机器人设计步态

在我们身边有很多四足动物，如猫、狗、兔子等哺乳类动物都是4条腿，观察一下这些四足动物的行走方法，为四足机器人设计两种仿生步态，并在图3-54的蓝框中画出四足机器人的4条腿的位置。

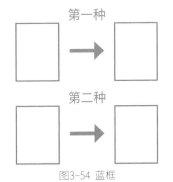

图3-54 蓝框

制作调试四足机器人

如图3-55所示，四足机器人的结构与六足机器人相仿，我们可以将之前制作的六足机器人略加改动，设计制作成四足机器人，最简单的方法就是将六足机器人中间位置的两条腿去掉就可以了。

图3-55 简化六足步行机器人成为四足步行机器人
（去掉中间的腿）

〇**试一试**：请按照你自己设计的四足步态方法调整四足机器人的4条腿的初始位置，并加上电机，看看能否正常前进，最后将合理的步态方法记录下来。

〇**拓展与提高**：

根据图3-56的提示，进一步完善你的四足步行机器人，比如为你设计、制作的多足机器人安装头、尾等部位，使之与模拟的动物更为相似。

正面图

底面图

图3-56 一种仿生四足机器人

仿生双足机器人

文/图　梁潇（北京理工大学附属小学）　于雷（北京上地实验学校）

如图3-57所示，能够使用双足直立行走的机器人的运动方式和我们人类步行时的运动原理上是类似的，由于人类的肢体结构比较复杂，在行走的过程中可以作很多细节调整，所以动作很灵活流畅。然而机器人做到这点非常困难，其难点在于机器人一脚抬起后，身体前倾，其重心的控制非常难，尤其对于真正的仿人形机器人，因其重量大，惯性就大，对电机的控制和性能要求非常高。双足机器人要通过重力感应器和触觉传感器把地面的状况送回电脑，然后由电脑完成分析、判断，进而平衡身体并实现稳定地行走。

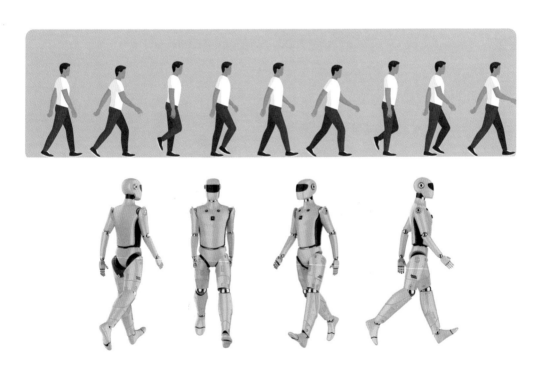

图3-57 真人行走步态和机器人仿人行走

　　双足机器人要实现稳定的行走，其重心的控制非常重要。对于一些拥有较多关节结构的智能机器人，可以通过改变脚踝关节和髋关节的角度，让机器人身体往支撑脚一侧倾斜，达到把身体重心移动到支撑脚以保持身体的平衡，同时还可以使用手臂的伸展调整重心。

　　物体的稳定性不仅与重心有关，还与支撑面大小有关。请大家分析图3-58所示的3个物体如果直立在平面上，哪个最不容易翻倒呢？

图3-58 三种几何体的稳定性

　　请大家观察一下，如图3-59所示的两个双足机器人的支撑脚各有什么特点？是不是支撑脚的占地面积越大，机器人站立和行走稳定性越高呢？

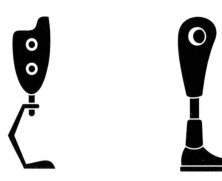

图3-59 双足机器人的支撑脚

请想一想图3-60所示的交叉型支撑脚的稳定性是不是会更好？

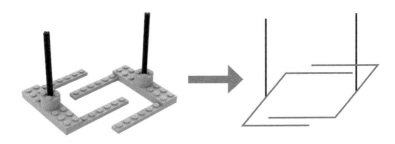

图3-60 交叉型支撑脚

1. 制作交叉型支撑脚

如图3-61所示，对于结构相对简单的双足机器人，由于它无法通过改变关节角度而移动重心，这个时候就需要把支撑脚的脚掌做得比较大，让左脚离地时，仅靠右脚依然能够保持住身体的平衡。虽然用板作为主要零件的交叉脚便于安装，但使用轴和连接器的结构会更加坚固。

图3-61 两种简易双足机器人的支撑脚结构

2. 制作简易的双足行走机器人

○**任务说明：**根据图3-62的提示，设计并制作一种简易的双足步行机器人。

图3-62 一种双足步行机器人

○**试一试：**调整脚部，使重心更稳定、行走更流畅。

○**拓展与提高**

简单的双足行走机器人我们已经设计制作好了，但是由于它们可动关节少、结构较为简单，走起来显得很僵硬。下面请读者根据图3-63所示，制作踝关节可动的双足行走机器人。

整体结构　　　　　　　　脚踝部位　　　　　　　　正面图

图3-63 踝关节可动的双足行走机器人

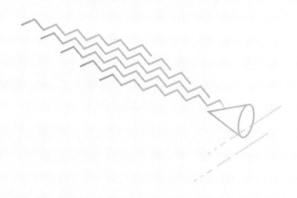

PART 04
机器人如何感知外面的世界

触碰传感器

文/图　张岩（北京市和平街第一中学）

　　作为人类的智能助手，机器人仅能动起来是远远不够的，为了更好地完成任务，它们需要不间断地感知瞬息万变的世界。作为第一代机器人的示教再现型机器人是没有感知世界的能力的，而第二代机器人由于有了传感器的加持，它可以对周围的环境有所觉察，也就可以自主地作出某些判断并完成更有难度的任务（见图4-1）。这一小节，我们就来介绍最简单的传感器——触碰传感器。

图4-1 机器人通过传感器感知路况

认识传感器及其类型

在介绍传感器的概念之前，我们可以把传感器和人类的感觉器官作一个类比。人们为了从外界获取信息，必须借助感觉器官。而单靠人们自身的感觉器官，在研究自然现象、规律及生产活动是远远不够的，为适应这种情况，人类就需要借助传感器。可以说，传感器是人类五官的延长，又称之为"电五官"。

如表4-1所示，我们将常见的传感器与人类的五官作一个类比。

表4-1　人的主要感觉和传感器

人的主要感觉	对应的感觉器官	具有相同作用的传感器
视觉	眼睛	光敏传感器、颜色传感器、视觉传感器
听觉	耳朵	各种声敏传感器
嗅觉	鼻子	各种气体传感器
味觉	舌头	盐度传感器、甜度传感器等
触觉	皮肤	各种压敏传感器、压强计、压力计等

一般我们将传感器定义为："能感受规定的被测量并按照一定的规律（数学函数法则）转换成可用信号的器件或装置，通常由敏感元件和转换元件组成。"

通俗地讲，传感器就是一种将敏感元件获取的外界信息通过转换元件变成计算机或微处理器可以处理信号的装置。

传感器的分类方法有很多，我们这里仅按传感器的输出信号将传感器分为以下3类：

1. 开关传感器：当一个被测量的信号达到某个特定的阈值时，传感器会相应地输出一个设定的低电平或高电平信号。这一小节，我们马上要介绍的触碰传感器就属于开关传感器。

2. 模拟传感器：将被测量的非电学量转换成模拟电信号，常见的模拟传感器有光敏传感器和声敏传感器。

3. 数字传感器：将被测量的非电学量转换成数字输出信号包括直接和间接转换，比如数字温度传感器可以将温度数值直接传递给处理器。

触碰传感器

如图4-2所示，触碰传感器也叫轻触开关，是一个利用接触片实现检测通、断功能的传感器。轻触按键的工作原理非常简单，完全依靠内部的机械结构来完成电路的导通和中断，当外力使弹片与嵌件完全接触时轻触开关就导通了。

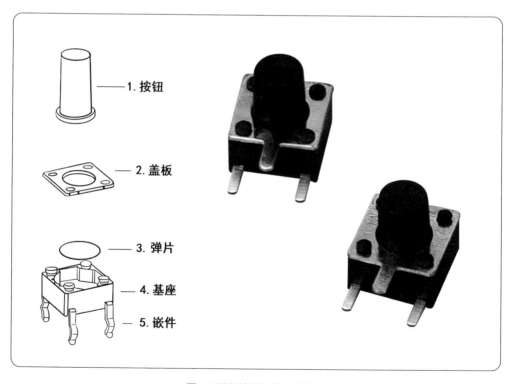

1. 按钮
2. 盖板
3. 弹片
4. 基座
5. 嵌件

图4-2 轻触按键及其内部结构

触碰传感器

如图4-3所示，所有需要进行通、断检测的场合几乎都可以看到触碰传感器的身影，键盘的按键、冰箱内照明灯的控制开关都可以看作是轻触按键。然而读者需要把作为传感器的轻触按键和作为开关的轻触按键区别开来。比如，键盘上的按键每敲击一次，就表明某个特定符号被输入，这就是作为触碰传感器的轻触按键；而冰箱内照明灯的控制开关则只起到通断的作用，这里的轻触按键就只起到开关的作用。

图4-3 触碰传感器在生活中的应用

如图4-4所示，触碰传感器在机器人上主要用于检测机器人与外界的接触情况。机器人上的触碰传感器撞到前面的障碍物时，传感器信号会发生变化，机器人也因此可以感知传感器前方的碍物。

触碰传感器

图4-4 带有触碰传感器的机器人

实践探究

制作可以检测障碍物的机器人

如图4-5所示，利用一台轮式机器人和一个触碰传感器设计一个简易碰碰车。在机器人向前方运动过程中，触碰传感器碰上障碍物后离开障碍物。

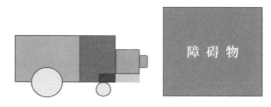

图4-5 障碍物检测机器人

〇分析： 我们将触碰传感器安装在机器人正前方，当传感器未碰撞到障碍物时，机器人向前运动；当传感器碰撞到时，机器人后退并转弯，往复这一过程（见图4-6）。

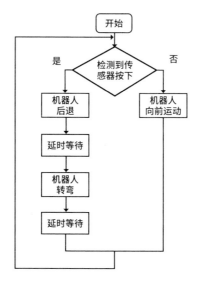

图4-6 障碍检测机器人工作流程图

增加触碰传感器接触面积的方法：增加支架，使用支架与触碰传感器接触，而不是传感器直接与障碍物碰触（见图4-7）。

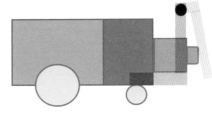

图4-7 使用支架与触碰传感器接触

触碰传感器消抖

如图4-8所示，在触碰传感器的触点闭合和断开时，由于内部轻触按键的完全闭合和完全断开都需要时间，所以触碰传感器在闭合和断开时都会产生抖动，抖动时间的长短由触碰传感器的机械特性决定，一般为5～10ms。为了保证系统能正确识别按键的开关，就必须对按键进行防抖动处理。

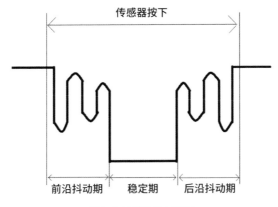

图4-8 按键抖动示意图

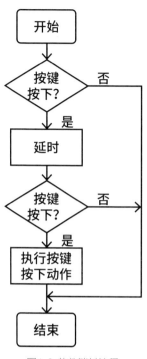

图4-9 软件消抖流程

传感器的消抖可用硬件或软件2种方法。

(一)硬件消抖：在键数较少时，可用硬件方法消除按键抖动。硬件消抖主要是通过特定电路来实现的，最简单的方法是在轻触按键两端增加消抖电容。

(二)软件消抖：当按键较多时，硬件方法将导致系统硬件电路设计复杂化，这时常采用软件方法进行消抖。

如图4-9所示，当按键按下时，并不马上确认按键按下，而是延时一段时间后再次判断按键是否按下，这个延时的时间一般为100~200ms，如果两次检测按键均为按下状态才执行按下按键后的动作，这样就能有效消除抖动。

 **实践探究**

利用一个传感器控制一个彩灯

请你利用3个触碰传感器分别控制红色、绿色和蓝色3盏灯的状态：

当3个传感器均为松开状态，3盏灯全部熄灭。

当确认1号触碰传感器按下1次后，红灯亮1秒。

当确认2号触碰传感器按下1次后，绿灯亮1秒。

当确认3号触碰传感器按下1次后，蓝灯亮1秒。

○**要求**:

❶ 按键要进行消抖处理。

❷ 画出相应的流程图。

○**拓展提高**: 利用一个传感器控制多个彩灯。

○**初始状态**: 确认触碰传感器松开,3盏灯全部熄灭。

当确认触碰传感器按下1次后,红灯亮。

当确认触碰传感器按下2次后,绿灯亮。

当确认触碰传感器按下3次后,蓝灯亮。

当确认触碰传感器按下4次后,3盏灯全部熄灭。

当按下次数超过4次时,将其看作新一轮,继续按照上述要求进行控制。如:

按下第5次,红灯亮;按下第6次,绿灯亮;按下第7次,蓝灯亮;按下第8

次,3盏灯全部熄灭……以此类推。

○**要求**:

❶ 按键要进行消抖处理。

❷ 画出相应的流程图。

○**小提示**: 可以设置一个变量来记录按键的次数,通过判断变量值来执行不同的

操作。

光敏传感器

文/图　律原（首都师范大学）

　　不知道读者有没有注意过自己的手机屏幕，绝大多数手机屏幕的亮度都可以随着外界的亮度变化而变化（见图4-10）。当外界环境变暗时，手机屏幕也会变暗，能避免强光对眼睛造成伤害；当外界环境变亮时，手机屏幕也会变亮，从而使你能够看清屏幕上的内容。那么，手机是如何感知外界光线变化的呢？这就离不开我们这节要介绍的光敏传感器了。

图4-10 手机屏幕里的光敏传感器可感知光的强弱

光强及其测量

在介绍光敏传感器之前，我们有必要向大家介绍一下描述光的几个物理量。通常描述光的常用物理量有4个：光强、光通量、光照度和光亮度。是不是被这些相似的概念搞得一头雾水呢？别急，让我们一起来看下。

如图4-11所示，光通量是单位时间到达、离开或通过曲面的光能数量，它的国际单位是"流明"，你可以把光通量想象成图4-11中灯泡向各个角度所发出光的总和。

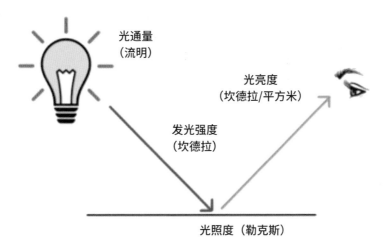

图4-11 光强及其测量

图中红色箭头线表示发光强度，是指光源在给定方向上的发光强度，它的单位是"坎德拉"，你可以把它想象成灯泡到底有多亮，因为发光强度从本质上说也体现为一种能量强度，即光强度越大，它所携带的能量也就越大，光源看起来也就越亮。

光照度是描述落在某个表面上的光的总和，当在1平方米面积上得到的光通量是1流明时，它的照度就是1勒克斯，习称"烛光米"。

光亮度表示发光面的明亮程度，单位是坎德拉/平方米。图4-11中蓝色线条表示的就是光亮度。这个量倾向于描述观察者的感觉，就是光在人眼中的感觉。各种显示屏、电视、灯所标称的亮度就是这个数值。对于一块电脑显示屏，虽然各个角度的光通量、光强都是不同的，但看屏幕的观察者却感觉其亮度在180度以内是相差无几的。

光敏传感器

如图4-12所示，为常见的3种光敏传感器。光敏传感器是利用光敏元件将光信号转换为电信号的传感器，它的敏感波长在可见光波长附近，包括红外线波长和紫外线波长。光传感器不只局限于对光的探测，它还可以作为探测元件组成其他传感器，对许多非电量进行检测，只要将这些非电量转换为光信号的变化即可。

　　a.光敏电阻模板　　　　　b.带有比较器的光敏电阻模板　　　　c.数字光强计

图4-12 常见的光敏传感器

光敏电阻

如图4-13所示，光敏电阻是最常用的光敏元件之一，它是用硫化镉或硒化镉等半导体材料制成的特殊电阻器。光敏电阻对光线十分敏感，其在无光照时，光敏电阻的阻值很高；当受到光线照射时，光敏电阻的阻值反而迅速降低。

图4-13 光敏电阻

　　为了使大家更直观地体会光敏电阻的特性，我们使用万用表测试在不同光照条件下同一个光敏电阻的阻值。如图4-14所示，当光照良好时，光敏电阻的电阻为7千欧姆左右；而当光敏电阻被遮挡后，它的阻值飙升到249千欧，提高了35倍之多。

a.有光照时，电阻很小　　　　　b.无光照时，电阻很大

图4-14 光敏电阻特性测试

光敏电阻传感器

　　如图4-15所示，我们可以将一个光敏电阻R1和一个定值电阻R2串联在一起，构成一个最简单的光敏电阻传感器，通过测量定值电阻上的电压来间接判断光强的大小。当外界光强增大时，光敏电阻R1的电阻就会急剧减小，根据串联电路的特性，在电源电压不变的情况下，定值电阻R2得到的电压就会增大；反之，当外界光强减小时，光敏电阻R1的阻值会急剧增大，则定值电阻R2得到的电压就会减小。

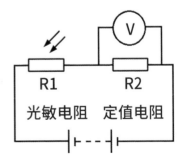

图4-15 光敏电阻传感器的工作原理

通过上述这个例子，读者们可以仔细体会下传感器的换能特性：光照变化引起阻值变化，阻值变化又引起电压变化，可以说换能是贯通传感器这一章的一个核心概念。

 **实践探究**

制作自动小夜灯

使用一个光敏电阻传感器、一个发光二极管模块和一个Arduino Nano控制器，制作一个自动小夜灯。当光线充足时，发光二极管熄灭；当光线较暗时，发光二极管自动点亮。

○**小提示**：如图4-16所示，我们利用面包板搭建自动小夜灯的硬件电路，把光敏电阻和10K欧姆的定值电阻相连接，利用Arduino Nano控制板的模拟输入端口A0，测量光敏电阻和定值电阻连接点的电压值。如前所述，如果这个电压值增大则表明光照增强，减小则表明光照减小。将模拟小夜灯的红色发光二极管的正极与Arduino Nano控制板的数字输出引脚3相连，发光二极管的负极则通过1K欧姆的限流电阻与GND相连。

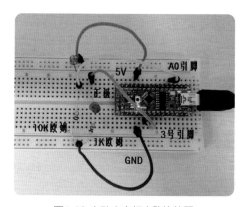

图4-16 自动小夜灯电路连接图

我们使用Mixly2.0软件来完成自动小夜灯的程序设计。首先，我们先利用串口监视器得到当光敏电阻没有被遮挡时模拟输入口A0的读数，以及当光敏电阻被遮挡时模拟输入口A0的读数。如图4-17所示，当光敏电阻没有被遮挡时，模拟输入口A0的返回值大约为790；当光敏电阻被遮挡时，模拟输入口A0的返回值大约为348。其次，我们取这两个值的平均值作为触发小夜灯开关的临界值，此处我们将临界值设为570。读者在完成本实验时，应该按照实际测量值来设定本临界值。

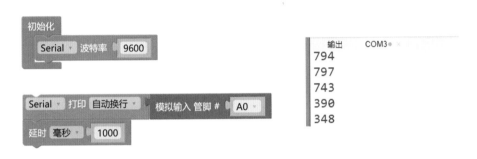

图4-17 测试光敏电阻的输出

如图4-18所示，为自动小夜灯的完整程序截图，程序的思路比较简单，先测量模拟输入口A0的返回值，当这个返回值小于550时（光线较暗），将数字输出引脚3设为高电平，点亮发光二极管；反之，则将数字输出引脚3设为低电平，关闭发光二极管。

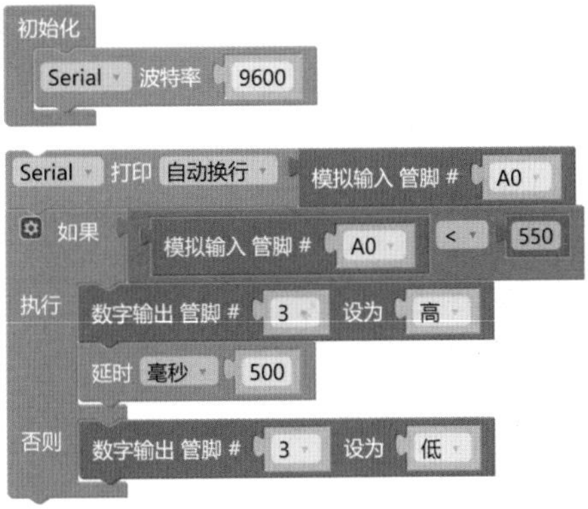

图4-18 自动小夜灯程序图（基于Mixly2.0版本）

数字光强计BH1750

在本部分的第一小节我们介绍过，按照输出方式可以将传感器分为开关量输出型传感器、模拟量输出型传感器和数字输出型传感器3种。很明显，触碰传感器属于开关量输出型传感器，光敏电阻传感器属于模拟量输出型传感器，这一小节我们介绍的数字光强计BH1750则属于数字输出型传感器。

BH1750是日本罗姆半导体公司研发的16位数字输出型环境光强度集成电路，它具有接近视觉灵敏度的光谱灵敏度特性，可以直接测量并输出所在环境的光照度值，量程为1到65535勒克斯。BH1750主要应用在移动电话、液晶电视、笔记本电脑、便携式游戏机、数码相机、数码摄像机、汽车定位系统及液晶显示器等民用数码产品中。

如图4-19所示，为BH1750数字光强模块与Arduino Nano控制板的连接方式。由于BH1750使用了IIC通信方式，所以它与Arduino Nano控制板的连接变得十分简单，只需要将BH1750数字光强模块的SCL和SDA引脚分别与Arduino Nano控制板的A5和A4引脚连接并供电即可。

连接方式

BH1750数字光强模块	Arduino Nano控制板
Vcc	5V
SCL	A5
SDA	A4
GND	

图4-19 BH1750数字光强模块与Arduino Nano控制板的连接

如图4-20所示，是使用Arduino IDE开发环境编写的利用串口监视器显示BH1750数字光强计测量值的测试程序，可以看出，使用Arduino控制BH1750数字光强计还是十分简单的。需要注意的是，在编写本程序前，需要将BH1750数字光强计的库文件添加到你的Arduino IDE中。

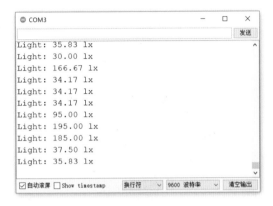

图4-20 数字光强计程序及输出结果

○ 拓展与提高 制作趋光机器人

在日常生活中，常见的昆虫大都有趋光性，只不过有的是正趋光性，有的是负趋光性。简单地说，正趋光性就是一些昆虫会主动靠近光源，而负趋光性则恰恰相反。关于正、负趋光性，比较常见的例子就是晚上路灯的四周会聚集大量的飞虫，这些飞虫都是正趋光性的，而我们常见的蜗牛、西瓜虫等动物则是负趋光性的。

最后，就让我们利用光敏电阻传感器来制作一个趋光机器人。如图4-21所示，在趋光机器人前部的左右两侧各有一个光敏电阻传感器，请读者尝试编写程序实现如下功能：

① 没有手电照射机器人时，机器人静止不动。

② 当用手电照射机器人的前面时，机器人向前行进。

③ 当用手电照射机器人左侧时，机器人偏向左侧。

④ 当用手电照射机器人右侧时，机器人偏向右侧。

图4-21 趋光机器人

红外光电传感器

文/图 张岩（北京市和平街第一中学）

上一小节我们介绍了光敏传感器，它可以看作一种能够感知可见光的传感器。读者们或许知道，响尾蛇即使在黑夜里也能准确地捕捉猎物，因为在它的眼和鼻之间有一个颊窝，这个特殊的器官能让它感受到周围活物的热量，从而使响尾蛇能准确地判断出猎物的具体位置。通过不断研究，人类发明了和响尾蛇颊窝类似的传感器——红外光电传感器。实际上，很多昆虫也可以感知红外线，如我们日常见到的蚊子就有通过红外视觉探测体温来捕捉热信号的能力（见图4-22）。这节，我们就来学习红外光电传感器在机器人上的应用。

图4-22 常见到的蚊子有通过红外视觉探测体温来捕捉热信号的能力

117

红外线的发现

读者一定见过七色彩虹，雨后，天空中布满了小水滴，这是一种天然的三棱镜。阳光在透过水滴时，由于折射和反射作用，被分解成七色光，只要太阳角度适当，就能看到美丽的弧形彩带。1800年，英国天文学家威廉姆·赫胥通过棱镜分光实验发现，在光谱中，由紫到红温度逐渐升高，并且在红色光外侧的一定区域温度最高。实际上，由于这部分红光外侧区域的颜色无法用肉眼直接看到，所以被赫胥称为"发热的射线"。后来，人们在紫光之外也发现了类似的辐射，为了区分二者，分别叫它们"红外线""紫外线"，其光谱图如图4-23所示。科学家们通过研究，最终证明了红外线与可见光具有相同的物理性质，而且发现所有表面温度高于绝对零度的物体，其周围都会产生红外线，据此发明了红外光电传感器。

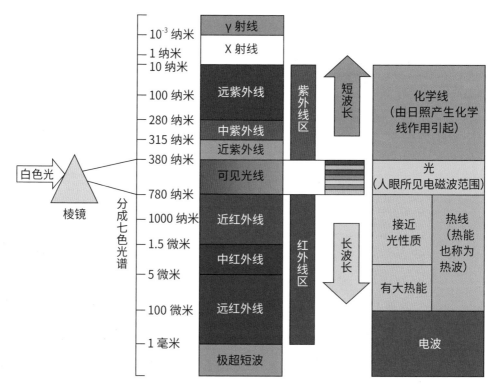

图4-23 红外线和紫外线光谱图

红外光电传感器及其类型

红外光电传感器是将光信号转换为电信号的一种器件，其基本原理是以光电效应为基础，把被测量的变化转换成光信号的变化，然后借助光电元件进一步将非电信号转换成电信号。

如图4-24所示，常见的红外光电传感器可以分为以下3类：

图4-24 红外光电传感器的3种类型

(一)对射型红外光电传感器

此类红外光电传感器由一个发光器和一个收光器组成对射分离式光电开关，简称"对射式光电开关"。对射式光电开关的检测距离可达几米乃至几十米，在使用对射式光电开关时，把发光器和收光器分别装在检测物通过路径的两侧，当检测物通过时阻挡光路，收光器输出一个开关控制信号。

(二)反光板型红外光电传感器

把发光器和收光器装入同一个装置内，在它的前方装一块反光板，利用反射原理完成光电控制作用的称为"反光板反射式（或反射镜反射式）光电开关"。正常情况下，发光器发出的光会被反光板反射回来再被收光器收到。一旦光路被检测物挡住，收光器收不到光时，光电开关就开始动作，输出一个开关控制信号。

(三)扩散(漫)反射型红外光电传感器

此类红外光电传感器的检测头里也装有一个发光器和一个收光器，但前方没有反光板。正常情况下，发光器发出的光，收光器是检测不到的。当检测物通过时，挡住了发光器发射的红外线，并把一部分红外线反射回来，收光器就能收到信号，并输出一个开关信号。

红外光电传感器的应用

由于红外线不受可见光的影响，所以红外光电传感器在日常生活中有着非常广泛的应用。如红外光电鼠标及其传感器（见图4-25）、安装在洗手池自动水龙头上的漫反射红外光电开关，又如安装在自动扶梯上的对射式红外光电开关，它可以判断是否有乘客使用扶梯，当没有乘客使用扶梯时，会降低自动扶梯的转速以实现节能的效果。

反射红外
光电传感器

图4-25 红外光电鼠标

 实践探究 1

硬币计数储蓄罐

请你利用红外光电传感器设计一个硬币计数储蓄罐。要求：每向储蓄罐投入一枚硬币时，光电传感器可以探测到这枚硬币，并通过液晶显示屏显示当前储蓄罐中硬币的总数。

◯**小提示:** 槽型光电传感器

图4-26 槽型光电传感器

如图4-26所示,槽型光电传感器属于对射型光电传感器,即把一个光发射器和一个接收器面对面地装在一个槽的两侧组成槽形光电。槽形开关的检测距离因为受整体结构的限制一般只有几厘米。该器件响应速度快,是远距离探测微小物体的理想选择,也经常用于探测振动式和摆动式输送机上的物体。

我们先在一个硬币储蓄罐的入口处加装一个槽型光电传感器,再将液晶屏固定在储蓄罐上。如图4-27所示,我们可将检测过程分为如下步骤:

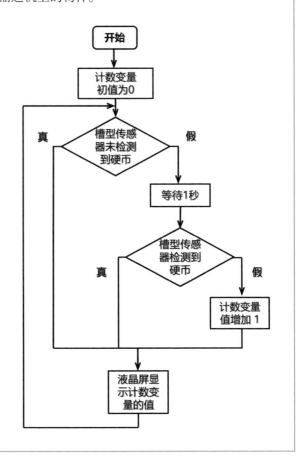

图4-27 计数硬币储蓄罐及其流程

我们首先声明一个计数变量，这个计数变量用来存储投入储蓄罐的硬币总数。在开始没有放入硬币时，总硬币数为0。当一枚硬币进入到传感器探测范围中时，等待1秒，以便硬币完全落入储蓄罐中。此外，再次检测这枚硬币是否还在传感器的探测范围中，如果没有，说明硬币完全落入储蓄罐中，则将计数变量值增加1；如果入口处还能检测到硬币，说明硬币未落入储蓄罐中，则计数变量值不变。最后，在每轮检测后，液晶屏显示计数变量的值。

○拓展任务:

如表4-2所示，假设你手头有一元硬币、五角硬币和一角硬币若干枚，各类光电传感器若干个。请在上面案例的基础上增加硬币分类功能，使得储蓄罐能够分辨投入硬币的种类、分别计数，并计算当前储蓄罐内储蓄的总金额。

表4-2 不同硬币的直径（mm）

硬币类型			
直径	25	20.5	19

实践探究2

制作红外避障机器人

如图4-28所示，为红外避障传感器及其工作原理。红外避障传感器也属于漫反射型红外传感器，它利用红外信号在遇到障碍物时，距离不同导致反射强度不同的原理，来判断障碍物与传感器之间的距离。使用红外避障传感器时，要注意以下3点：

（1）当障碍物反射面太小或遇到透明物体时，传感器会检测不到；反射面的粗糙度和平整度也会影响检测效果。

（2）在暖光源的照射下（如白炽灯、太阳光）检测会受到很大影响，它会受到所有相近红外信号的干扰。由于白炽灯和太阳光中含有红外信号成分较多，所以对红外避障传感器的影响也较大。

（3）不同反射面对红外信号的吸收与散射将影响其检测范围，红色的反射面效果最佳、白色次之。反射面颜色为黑色或深色时，会吸收大部分红外信号，只反射回一小部分，导致接收到的红外信号强度不够，不足以产生有障碍物反射面的信号。

a.红外避障传感器

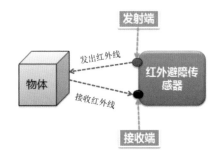

b.红外避障传感器工作原理

图4-28 红外避障传感器及其工作原理

○任务描述:

如图4-29所示，假设一台轮式机器人在矩形围挡的左下角，在机器人右前方安装一个正对围挡的红外避障传感器。请你利用这个传感器编写程序，使得机器人能够围绕围挡作顺时针方向运动，要求在运动过程中机器人不能与围挡接触且运行速度越快越好。

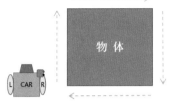

图4-29 避障机器人

○设计思路:

如图4-30a所示，为避障机器人的运动轨迹。从运动轨迹中我们可以看出，机器人不断用避障传感器探测机器人与围挡之间的距离，当机器人与围挡之间的距离大于设定值时，机器人靠近围挡；反之，则远离围挡。据此，我们可以将避障机器人运动分为向左前方移动和向右前方移动。如图4-30b所示，为避障机器人程序流程图。

a.避障机器人运动轨迹

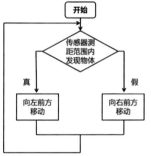

b.避障机器人程序流程

图4-30 避障机器人运动轨迹及流程

○思考: 巡城机器人

如图4-31所示，给你两个红外避障传感器和一个轮式机器人，请你设计一个巡城机器人，要求该机器人能够沿着矩形围挡的内部运行。你打算将避障传感器安装在机器人的什么位置呢？请你画出巡城机器人的程序流程图。

图4-31 巡城机器人

编码器

文/图 张岩（北京市和平街第一中学）

　　读者在乘坐汽车的时候，一定都见过如图4-32所示的速度表和里程表。速度表是用来显示汽车运行快慢的装置，在我国大部分城市的市区，限速为每小时70~80千米，高速公路的限速一般不超过120千米每小时。里程表可以分为总里程表和小计里程表，总里程表记录了汽车从出厂到目前行驶的总距离。一般来说，总里程表中记录的数据用户是不能更改的；而小计里程表记录的是汽车一段时间内行驶的距离，用户可以根据需要将小计里程表清零。这节，我们就来学习构成速度表和里程表的一个重要传感器——编码器。

图4-32 汽车的速度表和里程表

编码器及其分类

让我们先来想想，如果想准确测量汽车行驶的速度和行驶里程，我们需要知道哪些参数呢？如图4-33所示，如果我们知道轮胎的直径和汽车从启动到停止轮轴所转动的圈数，就能计算出汽车所行驶的距离。在此基础上，如果又知道汽车行驶的时间，就可以计算出汽车在这段时间内行驶的速度。请读者根据图4-33中的数据自行计算这辆汽车的速度和1分钟内行驶的距离。

我一分钟转了9圈，我超速了吗？

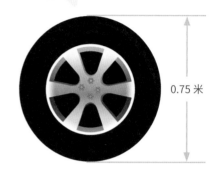

0.75 米

图4-33 速度表和里程表的工作原理

汽车轮胎的直径我们可以通过尺子测量，也可以根据轮胎的规格了解，那么如何测量一段时间内车轮转动的圈数呢？这就需要用到编码器。编码器是通过对信号（如高、低电平）或数据（如0和1）进行编制、转换，使其成为可用于通信、传输和存储信号形式的设备（见图4-34），在机器人上使用的编码器最重要的作用就是把角位移或直线位移转换成电信号。

a.光栅式编码器　　　　　　　b.霍尔编码器　　　　　　　c.机械式编码器

图4-34 常见的旋转编码器

如图4-35所示，常见的旋转编码器根据获取计数脉冲的方式可以分为光栅式编码器、霍尔编码器和机械式编码器3种。光栅式编码器依靠红外线的通断产生计数脉冲；

霍尔编码器依靠磁铁N、S极的变化产生计数脉冲；机械式编码器依靠电路的通断产生计数脉冲。

　　因为光栅编码器构造简单、便于编程，所以成了最常用的一种编码器。如图4-35a、图4-35b所示，光栅编码器由我们上一节课介绍过的槽型红外光电传感器和码盘组成。码盘上刻有多条可以透光的狭缝，狭缝越多，光栅编码器的精度就越高。码盘会通过某种方式安装在电机出轴或轮轴上，当电机转动或轮胎转动时，码盘就会一同转动。当槽型红外光电传感器发射头发出的红外线被码盘挡住时，槽型红外光电传感器输出低电平；当槽型红外光电传感器发射头发出的红外线透过码盘上的狭缝时，槽型红外光电传感器输出高电平。如图4-35c所示，当码盘连续转动时，槽型红外光电传感器就会输出连续的方波。通过检测在单位时间内产生的方波个数，我们就能知道这段时间内轮子转过的圈数。

a.槽型红外光传感器　　　　　　b.20线码盘

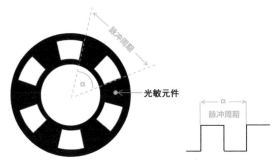

c.光栅编码器及其工作原理

图4-35 光栅编码器及其工作原理

实践探究

设计并制作测距机器人

如图4-36所示,利用编码器电机制作一个轮式机器人,使得机器人前进50厘米后停止。已知机器人所使用的霍尔编码器电机每转一圈会产生12个方波脉冲,机器人所使用的车轮直径为4厘米。

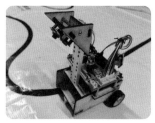

a.带有编码器的轮式机器人   b.霍尔编码器电机

图4-36 测距机器人

○思路启发:

由于机器人的车轮直径为4厘米,通过计算可知,机器人车轮的周长为12.56厘米,即机器人车轮转动一圈机器人就向前行驶12.5厘米。又知道,霍尔编码器电机每转一圈会产生12个方波脉冲,则每产生一个脉冲,机器人就向前行驶12.56厘米/12 = 1.05厘米。为计算简便,我们认为每产生一个脉冲机器人前进的距离为1厘米,那么只要我们检测到50个脉冲,就说明机器人已经前进了50厘米。

图4-37为测距车程序流程图。首先定义两个变量N1和N2,它们分别用来存储左轮编码器和右轮编码器接收到的脉冲个数;其次,当机器人启动后,不断检测左轮电机和右轮电机产生的脉冲个数,当左轮编码器接收到的脉冲个数大于等于50时,则关闭左轮电机;当右轮编码器接收到的脉冲个数大于等于50时,则关闭右轮电机。

```
                    ┌──────┐
                    │ 开始  │
                    └──────┘
                        │
          ┌──────────────────────────┐
          │ 左轮计数变量 N1 清零         │
          │ 右轮计数变量 N2 清零         │
          └──────────────────────────┘
                        │
          ┌──────────────────────────┐
          │ 左、右轮电机启动             │
          └──────────────────────────┘
                        │
                        ▼
              ◇ 左轮编码器 ─── 是 ──→ ┌─────────┐
                采集到脉冲            │ N1＝N1＋1 │
                        │           └─────────┘
                        否
                        ▼
       ┌─────────┐     ◇ 右轮编码器
       │ N2＝N2＋1 │ ←── 是 ── 采集到脉冲
       └─────────┘           │
                             否
                             ▼
                    ◇ N1≥50 ── 是 ──→ ┌─────────┐
                        │            │ 左轮电机停止 │
                        否           └─────────┘
                        ▼
                    ◇ N2≥50 ── 是 ──→ ┌─────────┐
                        │            │ 右轮电机停止 │
                        否           └─────────┘
```

图4-37 测距车程序流程

图4-38和图4-39为利用Mixly软件编写的测距机器人的主程序和子程序。主程序与流程图的主线一致。首先将N1和N2清零，其次启动机器人，由于此时N1=0且N2=0，符合进入循环检测左右轮脉冲子程序的条件，接下来就是不断地检测左右轮接收脉冲的情况并进行计数，当左轮和右轮接收到的脉冲均超过50后跳出循环，结束整个程序。

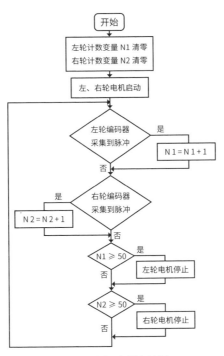

图4-38 测距机器人的主程序

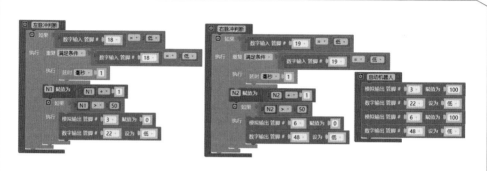

图4-39 测距机器人的子程序

接收左、右轮编码器脉冲子程序同样是重要的，这里我们以左脉冲判断的子程序为例来说明检测的过程。如图4-35c所示，不管是红外线的遮挡状态还是透过狭缝的状态，都会持续一段时间，为了精确检测左轮编码器接收到脉冲的个数，我们实际上是检测脉冲由低到高跳变的个数作为脉冲个数的单位。从子程序中可以看出，当接收到左轮编码器发过来的低电平时，程序并不是立即开始计数的，而是进入一个等待低电平结束的循环状态。只有当左轮编码器从低电平跳变到高电平时，N1的数量才被加1，这样就杜绝了误判的情况。这种对脉冲状态变化的判断方法请读者仔细体会，在本书后面我们还会多次用到这个编程思路。

中断

图4-38所示的程序虽然完成了机器人测距的功能，但是细心的读者一定会发现，这种编写程序的方法必须维持主程序不断检测左、右轮编码器接收脉冲的状态，这将导致程序执行的效率非常低。为了解决这一问题，我们引入一个在单片机中非常重要的概念——中断。

如图4-40所示，中断是指在单片机处理某一事件A时，发生了另一事件B，请求单片机迅速去处理（中断发生）；单片机暂时中断当前工作，转去处理事件B（中断响应和中断服务）；待单片机将事件B处理完毕后，再回到原来事件A被中断的地方继续处理事件A（中断返回），这一过程称为中断。打个比方，你正在看一本书，突然有个快递小哥来你家送货，你先标记下已经读到的位置，然后立即开门去收快递，收完快递后再继续从标记的地方阅读这本书。读书这件事就是A，收快递是事件B，而监督有没有B发生的机制就是中断。使用中断的好处就是，我们不必时时占用主程序来检查是不是有事件B发生，从而大大提高了主程序运行的效率。

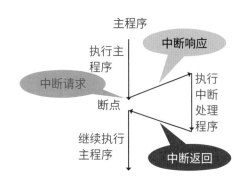

图4-40 单片机中断机制示意图

虽然实现中断功能需要特殊的寄存器，但是对于大多数单片机来说，并不是所有的引脚都能提供中断功能。如图4-41所示，Arduino 2560可以提供2、3、18、19，20、21共6个中断引脚。每个中断引脚提供上升、下降和改变3种触发模式。所谓上升模式，就是该引脚的输入电平由低电平变为高电平触发，下降模式就是该引脚的输入电平由高电平变为低电平触发，改变模式是指该引脚的输入电平由高电平变为低电平触发或由低电平变为高电平触发。

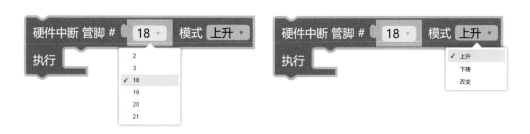

图4-41 Arduino 2560的中断引脚及触发模式

图4-42所示为使用中断方式实现的测距机器人程序。从图中不难看出，主程序中只执行了启动机器人的程序，而对左、右轮编码器接收脉冲的检测和处理都交由中断处理了。这样不但使整个程序变得简洁，而且大大提高了主程序运行的效率，读者可以仔细体会下使用中断的好处。

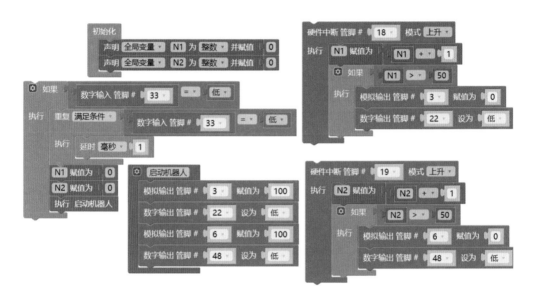

图4-42 测距机器人程序（中断实现）

 思考：

修改程序使得测距机器人变成一个巡城机器人，该机器人只使用编码器完成一个边长为50厘米的正方形轨迹。小提示：该任务的关键在于如何让机器人在编码器的帮助下精确地完成原地90度转弯。

距离传感器

文/图 张岩（北京市和平街第一中学）

在很多场景下，机器人都需要不断侦测与障碍物间的距离，并据此调整自身的姿态以完成任务。比如，在自动泊车时，系统就要不断探测汽车与周围物体的距离（见图4-43）。我们人类主要依靠视觉来感知距离，有时候即使在黑暗的环境下，我们也可以依靠听觉来判断与障碍物间的距离，因此眼睛和耳朵就可以看作人的距离传感器。同理，机器人要判断与周围物体的位置关系，也需要使用自己的距离传感器。常见的距离传感器有超声波传感器、红外测距传感器、激光雷达等。如果让机器人使用类似人眼的视觉传感器来判断距离，反而是复杂和困难的。近年来，随着人工智能技术的迅速发展，利用机器视觉来测量距离正在变得越来越准确和普遍。这一小节，我们就来讲一讲距离传感器。

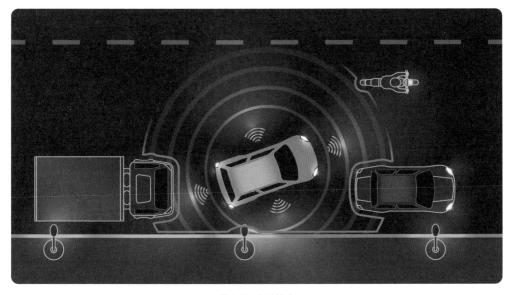

图4-43 自动泊车

距离传感器及其分类

　　距离传感器的概念非常容易理解，它是一种能够检测与探测物体之间距离的传感器。根据测量距离机制的不同，可以将距离传感器分为超声波距离传感器、光学距离传感器和基于机器视觉的距离传感器等多种类型。

　　超声波传感器。声音的产生是由于振动，而发声体振动的快慢决定了音调的高低，所以人的耳朵其实只能感知一定范围内的声音。举个例子，我们可以听到苍蝇和蚊子扇动翅膀的"嗡嗡"声，却听不到蝴蝶、蜻蜓等昆虫扇动翅膀的声音。这是为什么呢？因为蝴蝶和蜻蜓扇动翅膀的速度太慢了，1秒钟只有几次，低于人耳能接收到的声音下限，我们称为"次声"。与之相反，有些动物如蝙蝠、海豚、鲸鱼等能够发出振动速度非常快的声音，并能利用这种振动速度非常快的声音进行定位。根据科学家的研究，一秒钟振动次数超过20 000次的声音，人耳就听不到了。这种振动速度非常快，超过人耳听觉上限的声音，我们称为"超声"。而蝙蝠就能够利用超声波在夜间行动，如图4-44所示。

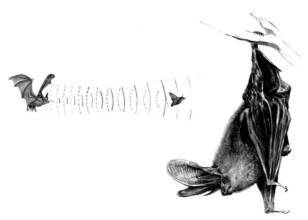

图4-44 蝙蝠利用超声波在夜间行动

　　声音还需要传播介质的帮助。一切固体、气体和液体都可以传播声音，在15摄氏度时，声音在干燥空气中的传播速度约为340米/秒。另外，人耳分辨两个声音出现的先后顺序也是有限制的，如果前后两个声音发出的间隔小于0.1秒，则这两个声音就会混在一起，人耳听起来就像一个声音。如图4-45所示，始建于我国明朝嘉靖九年（1530）的天坛圜（yuán）丘（qiū）是古代皇帝用来祭天的地方。当皇帝站在圜丘中间的天心石上宣读祭天文稿时，他会觉得自己说话的声音比平时大很多，甚至以为玉皇大帝听到他的赞颂显灵了。其实，造成这种现象的真正原因是皇帝自己的声音在圜丘边的栏杆上反射回来与原声叠加在一起造成的。

图4-45 天坛圜丘

与之相反，如果原声离障碍物的距离较远且原声和回声间隔的时间大于人耳可以分辨的时间（0.1秒），那么原声和回声听起来就像是两个声音，北京天坛的回音壁就是利用这个原理修建的。

超声波传感器就是利用测量发出的超声波与其遇到障碍物后返回的回波的时间差来探测距离的。如图4-46所示，超声波传感器一定包含发射端与接收端，由发射端负责发出超声波信号，当发出的超声波遇到障碍物后反射回来，回波会被接收端收到，超声波传感器会通过某种方式告知控制芯片发射超声波与收到回波的时间间隔。因为超声波实际走过的路程是传感器与障碍物距离的两倍，所以距离要除以2。超声波传感器测量距离的公式如下所示：

$$距离 = \frac{340米/秒 \times 时间间隔}{2}$$

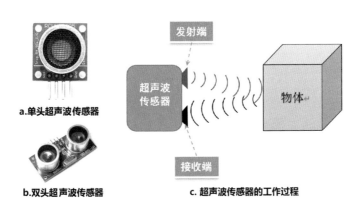

a.单头超声波传感器

b.双头超声波传感器

发射端

超声波传感器

物体

接收端

c. 超声波传感器的工作过程

图4-46 超声波传感器及其工作过程

光学距离测量传感器。由于光线的指向性比声波好，所以光学距离测量传感器的精度要高于超声波传感器。常用的光学距离测量传感器又可以分为红外距离传感器和激光测距传感器两类。红外距离传感器是用红外线为介质的测量系统。如图4-47a和图4-47b所示，一般的红外距离传感器由一对红

a.红外避障传感器

b. 红外测距传感器

图4-47 光学距离传感器

外信号发射与接收二极管组成，测量距离时由发射管射出一束红外光，在照射到物体后形成反射光，反射光射到接收二极管后利用CCD图像处理发射与接收的时间差的数据，从而得到距离。

激光是原子受激辐射产生的光，具有能力高、单向性好的特点，被广泛用于远距离测距中。1969年7月，美国"阿波罗11号"登月，宇航员在月球表面放置了用于反射激光的反射器，回到地球后向这些反射器发射高能量激光，并通过精确测量反射时间和光速，测定了地球和月球之间的距离。

激光雷达本质上也是一种光学测距传感器，如图4-48所示。激光雷达的工作原理与雷达非常相近，以激光作为信号源，由激光器发射出的脉冲激光，打到地面的树木、道路、桥梁和建筑物上，引起散射，一部分光波会反射到激光雷达的接收器上。根据激光测距原理计算，就能得到从激光雷达到目标点的距离。脉冲激光不断地扫描目标物，就可以得到目标物上全部目标点的数据，用此数据进行成像处理后，就可得到精确的三维立体图像。目前，激光雷达广泛应用在辅助驾驶和无人驾驶领域。

a. 激光雷达

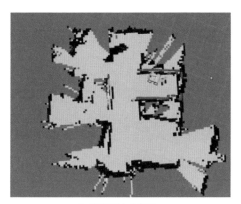

b. 激光雷达成像图

图4-48 激光雷达

基于机器视觉的距离传感器。近年来，随着人工智能技术的迅速发展，作为机器视觉领域内的基础技术之一，视觉测距受到了广泛关注，其在机器人领域占有重要地位，广泛应用于机器视觉定位、目标跟踪、视觉避障等。机器视觉测量主要分为单目视觉测量、双目视觉测量、结构光视觉测量等。如图4-49c所示，人和灵长类动物的双眼都在头部的前方，两眼的鼻侧视野相互重叠，因而凡落在此范围内的任何物体都能同时被两眼所见，两眼同时看某一物体时产生的视觉称为"双眼视觉"。双眼视物时，两眼视网膜上各形成一个完整的物像，由于眼外肌的精细协调运动，可使来自物体同一部分的光线成像于两眼视网膜的对称点上，并在主观上产生单一物体的视觉。机器人的双目视觉就是借助双目摄像头（见图4-49b），同时利用计算机模拟人双眼视觉的技术。

a. 单目摄像头

b. 双目摄像头

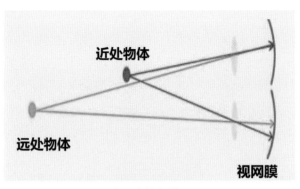

c. 人眼立体视觉原理

图4-49 人眼立体视觉与机器视觉

超声波传感器的应用

如图4-50a所示，为常见的HC-SR04超声波传感器的实物图，该传感器接口由电源正极引脚（Vcc）、电源地引脚（Gnd）、超声波触发引脚（Trig）和超声回波接收输出引脚（Echo）构成。如图4-50b所示，是HC-SR04超声波传感器与Arduino UNO控制板连接的示意图，其中Trig和Echo引脚可以接在Arduino UNO控制板的任意数字输入/输出引脚。

a. HC-SR04超声波传感器

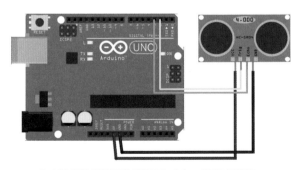

b. HC-SR04超声波传感器与Arduino UNO 的连接

图4-50 HC-SR04超声波传感器与Arduino UNO的连接

如4-51所示，HC-SR04的工作过程如下：

1.给脉冲触发引脚（Trig）输入一个至少10微秒的高电平方波；

2.输入方波后，模块会自动发射8个40千赫兹的声波，与此同时，回波引脚（Echo）端的电平会由0变为1（此时应启动定时器计时）；

3.当超声波返回，并被模块接收到时，回波引脚端的电平会由1变为0；（此时应停止定时器计数），定时器记下的这个时间即为超声波由发射到返回的总时长。

4.根据声音在空气(15摄氏度)中的速度340米/秒，即可计算出所测的距离，距离=高电平时间*速度/2。

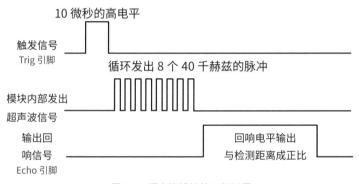

图4-51 超声波模块的工作过程

在Mixly图形化编程软件中，有已经封装好的HC-SR04超声波传感器测距函数，可以直接调用，非常方便。如图4-52所示，为调用Mixly中的HC-SR04超声波传感器测距函数，用串口输出的程序示例。

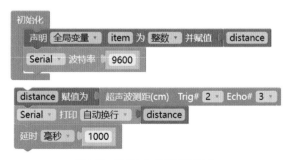

图4-52 超声波传感器测距程序

自动停车机器人

在轮式机器人上安装一个超声波传感器辅助机器人倒车，要求机器人距离车库后面墙壁5厘米时自动停车，要求如下：

❶ 画出安装超声波传感器的位置　　❷ 画出能够完成任务的流程图

○结论：

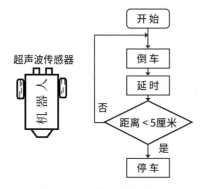

图4-53 自动停车程序流程图

如图4-53所示，根据任务要求，超声波传感器应该安装在轮式机器人的后面，正对障碍物。程序开始时，先使机器人后退，并不断通过超声波传感器获得机器人与车库后壁的距离，同时判断该距离是否小于5厘米。如果该距离大于5厘米，则继续倒车；反之，应立即停车并终止程序。

○拓展任务：模拟自动泊车

任务描述

如图4-54所示，为轮式机器人。安装最少的超声波传感器，使其能借助这些超声波传感器实现侧方位倒车入库功能。要求如下：

❶画出安装超声波传感器的位置；

❷画出能够完成任务的流程图；

❸在有条件的情况下实践实验一下。

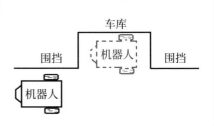

图4-54 自动泊车示意图

姿态传感器

文/图　张岩（北京市和平街第一中学）

2003年10月15日北京时间9时，杨利伟乘坐由"长征二号F"火箭运载的"神舟五号"飞船首次进入太空，这标志着我国成为世界上继俄罗斯、美国后第3个可以独立实现载人航天的国家。在升空的过程中，杨利伟要承受4到5个G的过载（见图4-55）。那什么是过载呢？过载又是怎么产生的呢？想知道这个问题的答案，就不得不认识姿态传感器。

图4-55 火箭升空过程中宇航员要承受过载

什么是姿态传感器

对于普通人来讲，"过载"这个词可能很陌生，当你乘坐汽车出行时，驾驶员深踩油门加速时，你是不是有一种身体被压在座椅上的感觉，这种被压在座椅上的感觉，本质上和过载产生的原因是一样的，都是由于物体加速产生的。物理学里把物体单位时间内（通常是1秒钟）速度的变化称为"加速度"。在很多场景下，测量加速度是非常必要的，而测量加速度就离不开姿态传感器。

所谓"姿态"是指物体在某个坐标系中的位置、朝向、加速度等参数，它是描述物体运动和状态的核心参数。姿态传感器就是能够测量物体的加速度、转动惯量和方向的传感器，姿态传感器主要包括加速度计、陀螺仪和电子罗盘3类。

加速度传感器

加速度这个概念由英国物理学家艾萨克·牛顿在1687年所著的《自然哲学的数学原理》一书中提出。物体加速度的大小与合外力成正比，与物体质量成反比。加速度传感器就是根据这个原理制成的。如图4-56c所示，加速度传感器内部有一个悬挂于两根弹簧之间的质量块，这个质量块可以在外力的作用下在某个方向上做加速或减速运动。质量块与一个滑动变阻器相连接，在质量块运动时，滑动变阻器的阻值也会同时变化，通过测量滑动变阻器上的电压就能得知质量块获得的加速度。

a.牛顿

b.加速度传感器

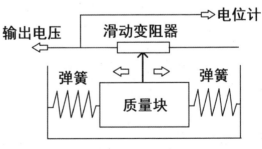
c.加速度传感器原理

图4-56 加速度传感器及其工作原理

在汽车工业高速发展的现代，汽车成了人们出行的主要交通工具之一。由于交通事故造成的伤亡数量巨大，所以在信息化的现代，利用高科技挽救人类的生命将会是重大科研项目之一。基于加速度传感器的车祸报警系统正是怀着这种设计理念诞生的，当加速度传感器探知汽车瞬间减速时，它会自动弹出安全气囊，从而保护乘员的安全。

如图4-57 所示，加速度传感器可以帮助机器人了解它身处的环境。是在爬山，还是在下坡，摔倒了没有？对于飞行类的机器人来说，控制姿态也是至关重要的。

图4-57 飞行类机器人的姿态检测

陀螺仪传感器

很多读者可能都玩过陀螺，大部分陀螺的上半部分为圆形，下端尖锐，材质多种多样，但无一例外都很坚硬。玩时可用绳子缠绕，用力抽绳，使陀螺直立旋转或利用发条的弹力旋转。如图4-58所示，

图4-58 陀螺仪

为基于陀螺旋转原理制作的陀螺仪，它是绕一个支点高速转动的对称刚体（在受到外力时，不发生形变的理想物体）。

陀螺仪有两个非常重要的特性：稳定性和进动性。所谓稳定性，是指当陀螺转子以高速旋转，在没有任何外力矩作用在陀螺仪上时，陀螺仪的自转轴在惯性空间中的指向保持稳定不变，即指向一个固定的方向（见图4-59a所示）。所谓进动性，是指当有外力矩作用在陀螺仪上时，陀螺仪不但围绕本身的轴线转动，还会围绕一个垂直轴作锥形运动。也就是说，陀螺一面围绕本身的轴线作自转，一面围绕垂直轴作进动，即陀螺并非垂直立于地面之上，而是对地面法线有一定的偏离，向地面有一些倾斜（见图4-59b所示）。

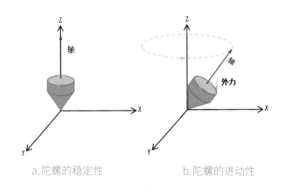

a.陀螺的稳定性　　　　b.陀螺的进动性

图4-59 陀螺仪的特性

正是由于陀螺仪具有这两大特性，它被广泛应用于飞行器、手机、导航仪等多种现代仪器设备上。如陀螺地平仪，它是利用三自由度陀螺仪的特性和摆的特性做成的仪表，可以用来测量飞机的姿态角。飞行员凭借陀螺地平仪的指示，才能保持飞机的正确姿态，完成飞行和作战任务。手机拍照稳定器，它可以和手机摄像头配合使用，在拍照时维持图像稳定，防止由于手的抖动对拍照质量产生影响。陀螺仪传感器可以作为各类游戏的传感器，如飞行游戏、体育类游戏，甚至包括一些第一视角类射击游戏，陀螺仪可以完整监测游戏者手的位移，从而实现各种游戏操作效果。陀螺仪在机器人领域也有广泛应用，它能帮助机器人感知在空间中的状态，并自动作出调整，如图4-60所示的自平衡车等。

图4-60 陀螺仪的应用

电子罗盘

　　我国古代科学家很早就发现了天然磁现象，并将这些发现用于日常生产和生活中。如图4-61a所示，司南是中国古代用于辨别方向的一种仪器，是古代华夏劳动人民在长期的实践中对物体磁性认识的发明。据近代考古学家猜测，用天然磁铁矿石琢成一个勺形的东西，放在一个光滑的盘上，盘上刻着方位，利用磁铁指南的作用，可以辨别方向。如图4-61b所示，磁偏角是指地球表面任一点的磁子午圈同地理子午圈的夹角。我国北宋时期的科学家沈括（1031—1095年）在其所著的《梦溪笔谈》一书中，记载与验证了磁针"常微偏东，不全南也"的磁偏角现象，这一发现比西欧记录要早400年。英国人罗伯特·诺曼（Robert Norman）发现，将一根磁针用绳子在半中间吊起来，使其跟水平形成一偏角，他将这称为"磁偏角"。1581年，他在自己的《新奇的吸引力》一书中发表了他的发现。

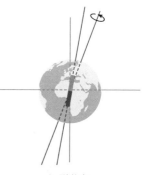

a.司南

b.磁偏角

图4-61 我国古代对天然磁现象的认识与应用

　　如图4-62a所示，传统的指南针使用被磁化的指针作为核心部件，利用地理磁场来指示方向，而数字式指南针（见图4-62c所示）则使用电子罗盘模块作为核心器件。如图4-62b所示的三维电子罗盘模块由三维磁阻传感器、双轴倾角传感器和MCU构成，三维磁阻传感器用来测量地球磁场，双轴倾角传感器是在磁力仪非水平状态时进行补偿，MCU处理磁力仪和倾角传感器的信号以及数据输出和软铁、硬铁补偿。此类模块具有抗摇动和抗振性、航向精度较高、对干扰磁场有电子补偿、可以集成到控制回路中进行数据链接等优点，因而被广泛应用于航空、航天、机器人、航海、车辆自主导航等领域。

a.军用指南针

b.三维电子罗盘模块

c.数字式指南针

图4-62 传统指南针和数字式指南针

实践探究

制作电子罗盘

利用HMC5883L电子罗盘模块和Arduino Nano控制器制作电子罗盘。

HMC5883L是一款采用IIC通讯协议的三轴磁场传感器。图4-63所示为使用HMC5883L芯片制作的电子罗盘模块，表4-3所示为HMC5883L芯片的返回值与角度的对应关系。

图4-63 HMC5883L电子罗盘模块

表4-3 HMC5883L返回值与角度关系

方位	角度	角度取值范围
北	0°或360°	> 338°或<22°
南	180°	158°～203°
东	90°	68°～113°
西	170°	248°～293°

如图4-64所示是电子罗盘的实物连接图，表4-4为具体的引脚说明。HMC5883L与Arduino Nano均采用硬件IIC方式进行连接，因而不用再单独对IIC引脚进行说明，程序代码如下：

图4-64 电子罗盘实物连接图

表4-4 电子罗盘与Arduino Nano连接引脚

HMC5883L	Arduino	LED	Arduino
Vcc	5V	ledN	A0
Gnd	GND	ledS	4
SCL	A5	ledW	2
SDA	A4	ledE	3

```
#include <Wire.h>
#define address 0x1E //HMC5883的设备地址
int ledN = A0;
int ledS = 4;
int ledW = 2;
int ledE = 3;
int x,y,z; //triple axis data
void setup(){
 //Initialize Serial and I2C communications
 Serial.begin(9600);
 pinMode(ledN,OUTPUT);
 pinMode(ledS,OUTPUT);
pinMode(ledW,OUTPUT);
 pinMode(ledE,OUTPUT);
 Wire.begin();
 Wire.beginTransmission(address); //open communication with
HMC5883
 Wire.write(0x02); //select mode register
 Wire.write(0x00); //continuous measurement mode
 Wire.endTransmission();
 }
```

```
void loop(){
 Wire.beginTransmission(address);
 Wire.write(0x03); //select register 3, X MSB register
 Wire.endTransmission();
 Wire.requestFrom(address, 6);
 if(6<=Wire.available()){
  x = Wire.read()<<8; //X msb
  x |= Wire.read(); //X lsb
  x = 720 + x;
 }
 Serial.print("x: ");
 Serial.println(x);
 if ((x > 336) || (x < 22))
 {
  digitalWrite(ledN,HIGH);
  digitalWrite(ledS,LOW);
  digitalWrite(ledW,LOW);
  digitalWrite(ledE,LOW);
   delay(500);
 }
 else if ((x > 158) && (x < 203))
 {
  digitalWrite(ledN,LOW);
  digitalWrite(ledS,HIGH);
  digitalWrite(ledW,LOW);
```

```
        digitalWrite(ledE,LOW);
         delay(500);
        }
        else if ((x > 248) && (x < 293))
       {
        digitalWrite(ledN,LOW);
        digitalWrite(ledS,LOW);
        digitalWrite(ledW,HIGH);
        digitalWrite(ledE,LOW);
         delay(500);
        }
        else   if ((x > 68) && (x < 113))
       {
        digitalWrite(ledN,LOW);
        digitalWrite(ledS,LOW);
        digitalWrite(ledW,LOW);
        digitalWrite(ledE,HIGH);
         delay(500);
        }
        }
```

○拓展任务： 请利用HMC5883L电子罗盘模块制作一台指南车机器人。

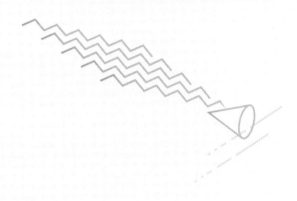

PART 05
让机器人和我们交流

串行通信

文/图　杨淼（中国人民大学附属中学通州校区）

　　日常生活中，人与人或人与自然之间通过某种行为或媒介进行的信息交流与传递被称为"通信"。从更广泛的意义上来说，通信也可以指需要信息的双方或多方在不违背各自意愿的情况下，采用任意方法、任意媒质，将信息从某方准确安全地传送到另一方的过程。如图5-1所示，在使用机器人的过程中，我们经常需要和机器人进行信息传递和交换，机器人和机器人之间也会有信息的传递和交换。有时候，人们需要机器人将它获得的信息通过某种方式传递给我们，如机器人将感知到的环境信息呈现在显示屏上；有时候，我们还需要将指令传输到机器人的控制器中，甚至需要向身处异地的机器人发送指令。在这一小节中，我们将逐一介绍机器人通信时的常用方式。

图5-1　人机协作

通信与通信系统

　　人们之间传递信息的时候，可以通过说话、写信、发邮件、打电话、网络通信等方式，这些方式在传播信息时的载体和形式可能不同，但都经过了如图5-2所示的基本过程：我们把想表达的含义用适当的信息形式发送出去，接收方可以从收到的信息中获得内在含义。人和机器人交流也需要经过类似的过程，这当中用到的传播方式可以是有线的，也可以是无线的，其中无线又包含红外、蓝牙、无线2.4G、网络等多种形式。

图5-2 人与人之间的信息交流

通信系统是用以完成信息传输过程的技术系统的总称。现代通信系统主要借助电磁波在自由空间的传播或在导引媒体中的传输机理来实现，前者称为"无线通信系统"，后者称为"有线通信系统"。如图5-3所示，不管是无线通信系统还是有线通信系统都包括发送设备（信源）、接收设备（信宿）和信道3个组成部分，在信息传递过程中都不可避免地受到噪声的干扰。

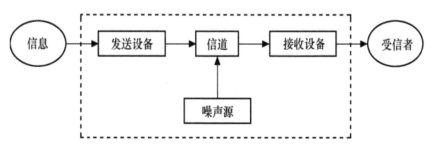

图5-3 通信系统模型

如图5-4所示，在信息传递过程中，我们需要对原始信息进行编码和解码，实际上它代表了两个过程：首先，我们需要传递的信息本质上都是二进制信息串，但传播的形式并不相同，可能通过网络、红外线、无线、蓝牙等多种形式，二进制代码需要通过特定的方式转变成相应的信号，这个过程叫"编码"，而把这些信号再转变为原来的二进制叫"解码"，这两个过程在实际使用中都有特定的原件进行控制，而学习这些需要读者有更多的知识储备；其次，我们接收到的二进制代码有些包含特殊含义，这些含义可以由发送和接收端约定，接收端可以根据收到的代码执行相应的操作或动作，这个过程也可以叫"解码"。

我们和机器人交流时用到的编码和解码，主要是指第二种情况。

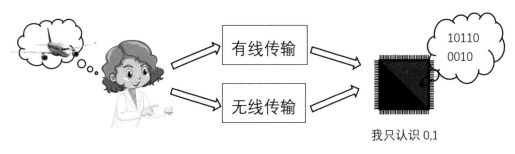

图5-4 编码与解码

串行通信

位与字节。机器人或计算机能够直接处理的信息是0和1组成的二进制数字。如图5-5所示，我们把一个0或一个1称为"位"（bit），而把连续的8个0或1称为"字节"（Byte）。

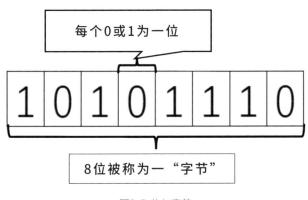

图5-5 位与字节

串行通信与并行通信。并行通信和串行通信是最常用的两种通信方式。并行通信是指数据的各位同时进行传送的通信方式；串行通信是指数据一位一位依次传送的通信方式。如图5-6所示，我们用发送大写字母A来说明并行通信和串行通信的区别。

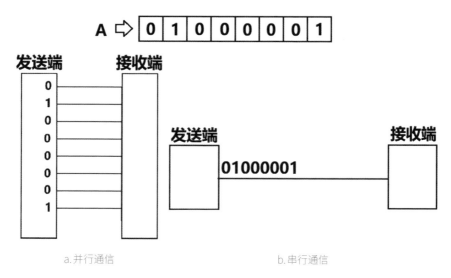

图5-6 并行通信与串行通信

在发送字母A之前，我们先将它转换成二进制信息01000001。如图5-6a所示，并行通信系统会在发送端和接收端之间建立8条通信线路，将这8个二进制位同时发送给接收端。如图5-6b所示，串行通信系统的发送端和接收端之间只有一条通信线路，8个二进制位会按先后顺序一位一位地发送给接收端。

很明显，并行通信传递信息的速度更快，但建立通信线路的成本也更高；虽然串行通信传递的速度比并行通信慢，但由于只需要一根通信线路，所以能以较低的成本将信息传递地更远。并行通信系统比串行通信系统出现的时间要早，但目前被广泛使用的却是串行通信系统。

机器人小课堂：并口接口、串行接口与 USB 接口

如图5-7a所示，我们通常所说的并行接口一般称为"Centronics 接口"，也称"IEEE1284"，最早由Centronics Data Computer Corporation公司在20世纪60年代中期制定。Centronics公司当初是为点阵式打印机设计的并行接口。1981年，该并行接口被IBM公司采用，后来成为IBM PC计算机的标准配置。

如图5-7b所示，为串行接口。串行接口的出现是在1980年前后，发明初期是为了连接计算机外设，初期串口一般用来连接鼠标和外置Modem及老式摄像头和写字板等设备。串口也可以应用于两台计算机（或设备）之间的互联及数据传输。可以明显地看出，由于串行通信只需要收、发两条线路，所以它的引脚数明显比并行接口少。

如图5-7c所示，通用串行总线（Universal Serial Bus，缩写：USB）也是一种串口总线标准。它最早出现于1996年，目前已发展到第4代，被广泛应用于个人电脑、移动设备等信息通信产品中，并扩展至摄影器材、数字电视（机顶盒）、游戏机等其他相关领域。

a.并行接口　　　　　　　　　　b.串行接口　　　　c.USB接口

图5-7 并行接口、串行接口和USB接口

串行通信实验

　　下面我们来通过一个小实验，体验计算机和Arduino通过串口进行数据交换的过程（本实验使用Mixly软件和Arduino控制板完成）。

　　在Mixly软件中，我们先分别使用"变量""控制""串口"选项卡中的模块编写如图5-8所示的程序，并上传到Arduino控制板中，然后打开串口监视器，做以下测试并思考结果。

　　❶ 在串口界面使用计算机向主板串口发送字符串"Hello"，并思考结果。

　　❷ 在串口界面使用计算机向主板串口发送其他任意字符串，并思考能否使用串口命令对机器人进行控制。

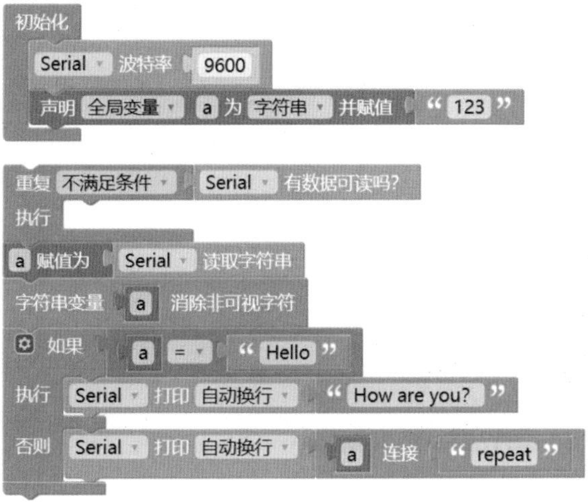

图5-8 串口通信实验程序

　◯拓展任务：编写程序，通过USB转串行接口向Arduino控制板发送命令，发送"on"点亮LED，发送"off"熄灭LED。

无线通信之红外通信技术

文/图　杨淼（中国人民大学附属中学通州校区）

　　如图5-9所示，2020年7月23日，我国第一个火星探测器"天问一号"由长征五号遥四运载火箭成功发射。经过漫长的飞行，"天问一号"于2021年5月15日在火星乌托邦平原南部预选着陆区着陆，随后，它不断为我们发回了关于火星的各种信息。要知道火星与地球之间的距离最近约为5500万公里，最远则超过4亿公里。那么"天问一号"是如何将它所获得的火星信息传递给我们的呢？这一小节，我们就来学习无线通信技术中常见的红外通信技术。

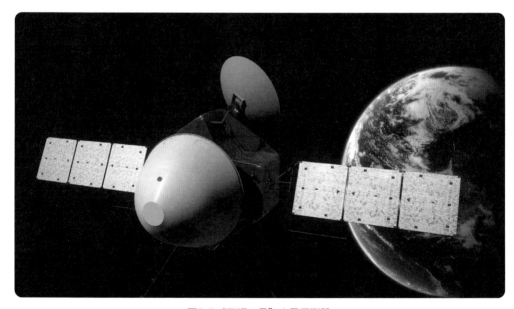

图5-9　"天问一号"火星探测器

无线通信技术概述

　　无线通信是相对于有线通信而言的，比如本部分第一小节中介绍的串口通信就是有线通信，它需要使用线缆将计算机和控制器连接起来才能实现通信，如早期的电话、网络等都需要通信线路连接，也属于有线通信，而无线通信是指，各个通信节点之间不经过导体或线缆连接传播的远距离通信传输，其中，电磁波是应用最广泛的无线通信介质，常见的无线电视和广播都是无线通信。如图5-10所示，由于地球是个

图5-10 移动通信基站

曲面，为了提高无线电波传输的距离，人们修建了很多无线电信号的发射和转播塔。除了使用电磁波，人们也广泛使用调制红外线进行通信。

红外通信技术

在讲解红外光电避障传感器的时候，我们向读者介绍过红外线的发现过程。红外线与可见光相比，由于其抗干扰性好、肉眼不可见等特点也被应用于无线通信领域。红外

a.红外遥控器

b.红外遥控玩具车

图5-11 红外遥控技术的应用

通信技术不需要实体连线，简单易用且实现成本较低，因而被广泛应用于小型移动设备互换数据和电器设备的控制中。如图5-11a所示，很多家用电器都采用红外遥控。除此之外，红外遥控的电动玩具也有很多。图5-11b所示是红外遥控玩具车，遥控器上的深红色罩子内就是红外发射头。红外遥控与无线遥控的最大区别就是，红外遥控器上没有长长的金属或橡胶制成的天线，因而它可以做得很小。因为红外线本质上是一种光波，在传播时会受到不透光物体的阻挡，所以红外线通信不适合用在障碍物多的地方。红外传输的距离也比较有限，目前常用的红外发送和接收器组合最远仅能支持10米的数据传输。

　　如图5-12所示，为红外发射和接收过程。红外通信设备一般由发射设备和接收设备共同构成。如图5-12b所示，红外遥控器内部有一个红外发射管见图5-12a，红外发射管能够发出940纳米（1纳米=10^{-9}米）的红外线，红外线经过调制编码后发送给接收模块进行接收并解码，红外通信是一种需要建立连接的通信方式。当红外线发射和接收设备进入彼此的作用区域后，可以自动检测其他连接或通过用户请求来创建连接，经过双方信息确认后再建立连接，并开始由发送方源源不断地发送信息给接收方，直至不再需要传输时再关闭这个连接。但这种技术和我们用在各种遥控设备上的不一样，后者仅需要接收到相应的控制编码，执行对应操作即可，并不需要进行长时间连续的数据通信。同时，遥控方式并不保密，可以发出同样代码的红外遥控器都可以遥控同一台接收设备。

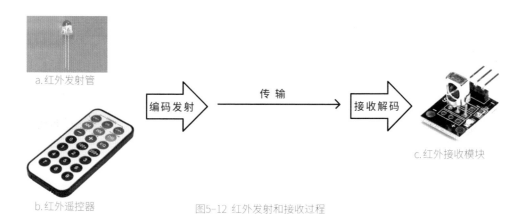

a.红外发射管

编码发射　　　　传输　　　　接收解码

c.红外接收模块

b.红外遥控器　　　　图5-12 红外发射和接收过程

实践探究

红外通信实验

　　本任务中，我们将使用红外接收管和Arduino Mega2560控制器进行红外通信实验。首先，我们认识一下本实验的核心器件——集成式红外接收管。如图5-13a所示，集成式红外接收管是一种可以接收红外信号并独立完成红外线接收和输出的与TTL电平信号兼容的器件，体积和普通塑封三极管差不多，适用于各种红外线遥控和红外线数据传输。集成式红外接收管有3根引脚，分别是输入信号s引脚、Gnd引脚和Vcc引脚。其中，Vcc引脚与电源正极相连，Gnd引脚与电源负极相连，输入信号s引脚与Arduino Mega2560控制板的引脚36s（s代表信号引脚）相连，也可以使用如图5-13b所示的红外接收模块进行本实验。红外遥控器的种类没有限制，可以使用如图5-13c所示的21键红外遥控器，如果没有这种遥控器，使用家中空调或电视的遥控器也可以。

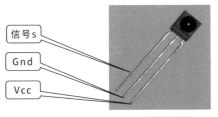 

a.红外接收管   b.红外接收模块   c.红外遥控器

图5-13 红外接收管与红外接收模块

其次，在进行红外通信之前，我们需要先获取红外遥控器各个按键对应的编码值。如图5-14所示，在Mixly软件的通信模块选项中，我们可以看到红外通信的子选项，通过红外通信的子选项选择红外接收模块，将红外接收引脚设置为36。虽然Mixly已经预先定义了一个用来存储接收到的红外编码的变量ir_item，但是你也可以定义自己的变量来存储接收到的红外编码，这里我们就使用ir_item。红外接收模块本质上是一个分支语句模块，分为有信号和无信号两个部分，我们在有信号的分支中利用串口输出，分别输出按键的16进制编码和10进制编码。

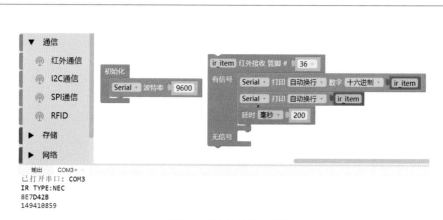

图5-14 获取按键的红外编码

我们下载程序后，当按下静音按键时，会看到串口监视器中显示了3行信息：

IR TYPE: NEC

8E7D42B

149410859

其中，NEC表示遥控器的编码类型，8E7D42B是静音按键所对应的16进制编码，149410859是静音按键所对应的10进制编码。按照这种方法，你可以得到某个遥控器上所有按键对应的编码。

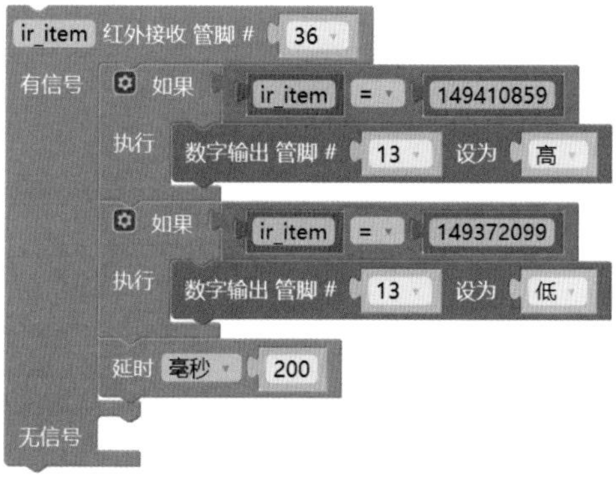

通过实验，我们又得到停止按键的16进制编码为8E73CC3，转换成10进制数为149372099。我们在控制板的13引脚上再接一个LED发光二极管模块，用静音和停止两个按键控制该发光二极管的打开和关闭。如图5-15所示，在已知按键的红外编码后，我们只需要

图5-15 红外遥控LED发光二极管模块程序

在接收到红外信号的时候对获得的红外编码进行逻辑判断，即当ir_item的值等于149410859时，我们就知道静音键被按下了，则将数字输出引脚13设置为高电平，打开LED发光二极管；当ir_item的值等于149372099时，我们就知道停止键被按下了，则将数字输出引脚13设置为低电平，关闭LED发光二极管；按其他键则没有动作。

○拓展任务：

红外遥控器的重复编码

如图5-16所示，我们在执行实践与探究任务中获取按键的红外编码程序时，如果按下某个按键不松开，就会接收到16进制编码FFFFFFFF，转换成10进制编码就是-1。接收到这个编码并不是错误的，而是提示你上一个按键的状态没有改变。在遥控机器人时，我们通常希望按下某个按键后，机器人保持某一状态不变，直至松开该按键。

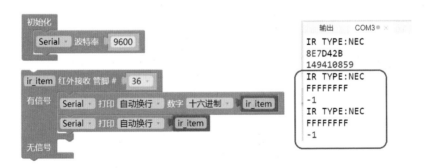

图5-16 红外遥控器的重复编码

请尝试修改图5-15中所示的程序，实现当按住静音按键时，LED发光二极管保持点亮；松开静音按键时，LED发光二极管熄灭。

无线通信之2.4G和蓝牙通信

文/图 杨淼（中国人民大学附属中学通州校区）

　　各位读者可能看到过如图5-17所示的机器人场景。从图5-17中可以看到，地面移动机器人上不仅有摄像头还有无线图传系统。无线图传系统可以将机器人看到的场景实时传递给操作员，这样操作员就可以根据实际情况不断给机器人发出适当的控制指令了。无论是无线图传系统还是对地面移动机器人的动作控制，都离不开无线通信。本节，我们就在介绍无线电通信的原理上介绍2.4G通信和蓝牙通信。

图5-17 地面移动机器人和它的遥控器（供图/杨毅）

无线电通信技术的发明

通过前面的学习，我们知道串口通信是一种有线通信方式，红外通信的本质是借助光波的通信；而无线通信，主要是指无线电通信。简单地说，就是借助电磁波进行通信的方式，说到它的发明，不同国家的人都有着自己的看法。

英国人认为麦克斯韦是无线电的开创者，因为他最先指出了电磁波的存在；美国人认为德·福雷斯特是"无线电之父"，因为他发明的三极管是无线电器材的心脏；俄罗斯人认为是亚历山大·波波夫发明了第一架无线电接收器；塞尔维亚人认为尼古拉·特斯拉使无线电理论成为现实；而意大利人认为马可尼还曾因为发明无线电报通信获得诺贝尔奖（见图5-18）。

图5-18 马可尼发明的第一个无线电发射机装置

实际上，无线电和相关通信技术的发明是众多科学家共同研究的成果。它最大的魅力在于可以借助无线电波传递信息，省去了布线的麻烦。由于不同波长的无线电波具有不同的传播特性，有些无线电波不但可以沿地球表面传播，而且可以沿空间直线传播，还能够在大气层上空反射传播，甚至可以穿透大气层飞向遥远的宇宙。

无线电信号的分类

根据频率和波长的差异，无线电通信大致可分为长波通信、中波通信、短波通信、超短波通信和微波通信，不同波长的无线电信号有着不同的应用领域。

❶ 长波通信（3kHz～30kHz）：可以沿地球表面传播，也可以在地面与电离层间

传播，最长距离可达几千甚至上万公里。长波能穿透海水和土壤，多用于海上、水下和地下的通信与导航业务。

❷ 中波通信(30kHz～3MHz)：白天主要依靠地面传播，夜间可由电离层反射传播，中波通信主要用于广播和导航业务。

❸ 短波通信(3MHz～30MHz)：主要靠电离层发射传播，通过一次或多次反射，传播距离可达几千公里甚至上万公里。

❹ 超短波通信(30MHz～300MHz)：可以穿透电离层，主要以直线方式传播，它的传播方式稳定且受季节和昼夜变化影响小。因为频带较宽，所以超短波通信被广泛应用于传送电视、调频广播、雷达、导航、移动通信等业务。

❺ 微波通信(300MHz～300GHz)：主要是直线传播，受地形、天气等因素影响很大。它传播性能稳定、传输带宽更宽，地面传播距离一般在几十公里；能穿透电离层，对空传播达数万公里。微波通信主要用于各类无线通信、移动通信和卫星通信。

2.4G无线通信

无线电通信主要通过频率区分不同信号。为保证各项关键通信的安全性，成立于1915年的美国供应管理协会（ISM）对频率进行了划分，将2.4G赫兹～2.483G赫兹的微波频段划为全球免申请频段，因其相对简单，被广泛运用在鼠标键盘、车辆监控、小型无线网络、遥控、遥测、机器人控制、无线232数据通信、无线485数据通信等领域。如5-19所示，为使用2.4G通信的无线鼠标和机器人遥控手柄及其接收器。

a.2.4G鼠标   b.2.4G无线手柄和接收器

图5-19 2.4G通信相关应用

机器人小课堂：2.4G 遥控手柄通信实验

如图5-20所示，本实验使用Arduino Mega控制板和2.4G遥控手柄套装完成控制点亮和熄灭LED的效果，当使用者按住2.4G遥控手柄的"△"按键时，LED点亮；当松开"△"按键时，LED熄灭。

图5-20 遥控手柄通信实验

如图5-21a所示，为Mixly2.0版本中与2.4G通信有关的程序模块。如图5-21b所示，利用Mixly软件实现2.4G通信是非常简单的，主要由以下3个步骤完成：

❶ 设置2.4G接收器与控制板的连接引脚。2.4G遥控手柄的接收器一共有DAT、CMD、SEL和CLK4根控制线，4根控制线与Arduino控制板相连。不同类型的控制板可使用的控制引脚可以不同，根据实际情况在初始化模块中设置即可。本实验中，我们使用50、51、53和52引脚。

❷ 刷新2.4G手柄数据，在每次接收数据前，我们都要对2.4G数据进行

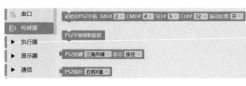

a.2.4G通信程序模块　　　　　　　　　　b.控制LED的程序

图5-21 2.4G通信程序模块和控制LED的程序

刷新，以保证数据的实时性和准确性。

❸ 根据收到的指令执行相应的动作。这一部分，我们一般使用if语句对接收到的数据进行判断并执行相应的动作。需要注意的是，即便对同一按键操作，也有"按下""按住""松开"和"改变"等不同状态，需要根据具体应用进行不同设置。

○拓展任务：

❶ 体会对同一按键操作时，使用"按下""按住""松开"和"改变"的区别。

❷ 编写一个程序使得点击"△"按键一次点亮LED，再次点击"△"按键则熄灭LED。

❸ 尝试利用遥控手柄上的摇杆改变LED的亮度。

蓝牙通信

蓝牙（Bluetooth）是一种全球统一开放式短距离无线连接技术。由爱立信、诺基亚、Intel、IBM和东芝5家公司在1998年率先提出。它的工作原理基于2.4G无线电频段的跳频展频，具有轻薄小巧、功耗少、辐射低等优点，特别适合手机、平板、耳机，或其他便携设备。

蓝牙技术发展：

第一阶段是1998年到2001年，由于蓝牙使用方便能满足人们日常需求，所以发展迅速。这期间世界蓝牙组织Bluetooth SIG成立，图5-22所示为其标志，我们在很多蓝牙设备上都能看到它。

图5-22 世界蓝牙组织Bluetooth SIG的标志

第二阶段是2001年至2002年年底，蓝牙产品开始作为附件有更多应用，而这时蓝牙技术尚不完善，还存在功耗较高、价格高昂、便携性不足等缺陷。

第三阶段是2002年到2005年，蓝牙相关技术开始嵌入高档电子产品。同时，新技术的出现使蓝牙芯片的价格大幅下降，相应的测试和认证工作也更加完善，这些为蓝牙技术进一步普及打好了基础。

第四阶段是2005年到2010年，这期间蓝牙技术日臻成熟，传输距离可达10米，传输速度1.8米/秒且芯片更小。同时，更加注重数据的安全性，启用了密码配对功能。因此形形色色的电子产品都加入了蓝牙连接模块。

第五个阶段是2010年后，Bluetooth SIG推出蓝牙4.0版本，蓝牙的发展更加倾向于低功耗、远距离，此时，最长的蓝牙传输距离接近100米。近年来，更是逐步推出了蓝牙5.0、5.2等新版本，使蓝牙传输更加稳定、功耗更低、速度更快、距离更远。同时，芯片越来越小，有更多设备可以使用蓝牙通信。

蓝牙技术特点：

❶ 蓝牙也工作在2.4GHz的ISM频段，与无线通信一样，在全球大多数国家都适用。

❷ 蓝牙采取了调频方式扩展频谱，即不断改变载波频率，同时支持认证和加密功能；和一般无线传输相比蓝牙有更好的安全性和抗干扰能力。

蓝牙技术常见应用：

目前蓝牙技术已广泛应用于各种电子设备，大到汽车，小到耳机，几乎遍布人们生活的方方面面。在机器人方面，支持蓝牙功能的拓展模块，使Arduino等开源硬件都可以具备蓝牙通信功能。而较新的开源硬件主控芯片几乎都支持蓝牙功能，如Microbit，还有国产芯片的代表ESP32，等等。

实践探究

蓝牙通信实验

本实践中，我们通过制作手机App和ESP32主板的蓝牙进行交互。ESP32编程使用Mixly2.0软件，也可以使用App Inventor进行手机App制作，免费在线版的国内服务器地址为http://app.gzjkw.net/，打开登录后可直接开始制作。

第一部分：手机端程序设计

图5-23 App Inventor工作界面

我们利用App Inventor进行手机端程序设计，如图5-23所示为App Inventor的工作界面。首先，从组建选择区拖动表格布局到屏幕模拟区，然后通过组件属性区调整表格布局，这里选择2行

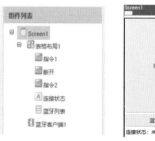

图5-24 蓝牙通信界面设计

2列；其次，增加3个按钮用于发送指令1、指令2和断开连接，再增加1个蓝牙列表用来选择蓝牙并连接，这几个元素都放在表格中；最后，增加一个蓝牙客户端组件，就可以在模拟区看到如图5-24所示的效果，之后就可以从右上角选择逻辑

设计。需要注意的是，不同组件的逻辑条目要在对应组件的列表处点击后才可选择。设计如图5-25~图5-27的3个程序逻辑：

图5-25 屏幕组建初始化和蓝牙列表逻辑1

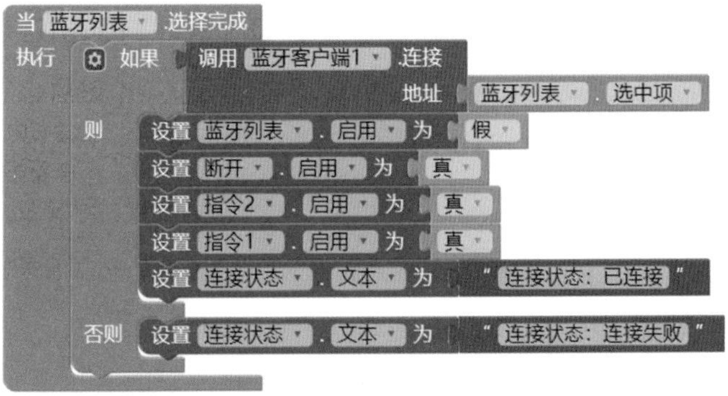

图5-26 蓝牙列表逻辑2

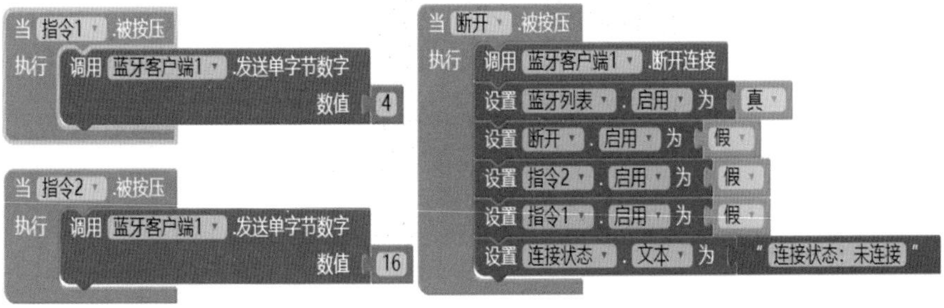

图5-27 3个按键的基本逻辑

（指令1和指令2中的控制数值可以根据需要改变）

如图5-28所示，所有程序逻辑设计完成后，先点击上面的打包apk，之后生成二维码或下载到电脑，然后用安卓手机浏览器扫码安装或手机助手安装。

图5-28 手机端程序打包和下载

第二部分：ESP32控制板程序编写

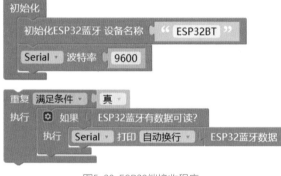

我们利用Mixly2.0软件为ESP32的控制板来编写接收程序，如图5-29所示，打开Mixly2.0软件，选择Arduino ESP32编程，在通信块中找到蓝牙模块，并调整为如下两部分功能。

图5-29 ESP32端接收程序

将程序上传到ESP32主板后，就可以开始测试蓝牙通信效果了。首先，打开手机蓝牙，搜索到ESP32主板后建立信任配对，无需密码可直接连接成功；其次，打开第一部分中设计的手机

图5-30 建立连接并测试

App，看到如图5-30所示界面，在蓝牙列表中选择ESP32即可通过指令按钮发送数字；最后，可在Mixly中通过串口观察ESP32收到后打印到串口的信息。

让机器人自己适应环境

文/图　林宇（清华大学未来实验室）

在本章前面的小节中，我们向读者介绍了如何利用有线和无线的方式向机器人发送指令或接收机器人传递的信息。在以遥控为主的机器人竞赛中，机器人是靠操作员感知赛场环境的，由操作员根据赛场情况向机器人下达相应的动作指令，机器人只需接收指令并按照指令做出相应的动作即可。然而随着对机器人智能化的需求，我们需要机器人通过自身的传感器感知外界环境，并根据事先编写的程序完成相应的工作。如图5-31所示，在智能车比赛中，机器人通过自身传感器感知赛道情况，用尽可能短的时间跑完赛道全程。这一小节，我们就来说一说机器人是如何通过事先编写的程序来适应环境的。

图5-31 正在比赛中的智能车

机器人任务的确定与规划

为了让机器人帮我们完成特定的任务，我们必须先为机器人确定和规划任务。根据任务中是否存在未知因素，可以将任务分为有限状态任务和无限状态任务两类。在这一小节中，我们只探讨有限状态任务。所谓有限状态任务，就是指在机器人执行任务过程中的所有影响因素都是可以预见并有相应解决预案的。如图5-32a所示的仓储物流机器人，它可以根据货物存放规则和货架位置快速分拣及运输包裹；如图5-32b所示的自动售货机器人，它可以根据用户的选择和商品的位置售卖指定商品；如图5-32c所示的自动泊车机器人，它可根据车位的位置自主完成车辆装载、运输、入库和出库等操作。上述机器人在执行任务过程中，货架位置和商品、车辆等的存储位置都是可以预见的，机器人可通过事先编写的程序执行并完成相关任务。执行这些任务时，需要机器人根据任务内容对动作的执行过程进行任务规划，以实现单个动作不可能实现的目标。

a.仓储物流机器人　　　　b.食物和饮料的自动贩卖机　　　　c.自动泊车机器人

图5-32 有限状态任务举例

任务规划是指为保证任务高效完成，综合考虑各种限制约束条件，对执行动作进行排序的方法。举个形象一点的例子，如何把一头大象放进冰箱呢？其具体步骤是：打开冰箱门、放入大象、关上冰箱。任务规划就是将这些步骤合理地进行排序，从而能完成将大象放入冰箱这一任务。而如何开门、如何在冰箱中放入大象则是更为具体的运动过程实现。任务规划更偏向于整体上层决策，而非过程实现。那么，什么时候机器人需要任务规划呢？对于简单任务，比如把a抓起来放到b上面，一般不需要严格区分出任务规划的过程；但对于复杂任务，机器人需要任务规划将动作进行排序，以实现单个动作不可能完成的目标。

规划任务分解途径

因为有些任务比较复杂，很难直接进行任务规划，所以最好将较为复杂的任务分解为一些较小但目的明确的子任务。分解复杂任务有两种推荐方法：第一种，当机器人从一个问题状态移动到下一个问题状态时，无须更新整个机器人的全部状态，而只需考虑状态中的哪些部分可能发生了变化，例如，一个扫地机器人从一个房间走到另外一个房间，这并不改变两个房间内门窗的相对位置，只需考虑扫地机器人所处的空间位置变化即可，当机器人需要处理复杂程度比较高、流程比较复杂的问题时，通过这种方法可以优化机器人的环境感知能力，从而提升机器人的执行速度；第二种，把单一的困难任务分割为几个较为容易解决的子任务，这种分解能使困难任务的求解变得更容易些，而且自任务目标明确，更容易进行任务规划。我们通过一个小例子，看机器人是如何将复杂问题分解为子任务并进行任务规划的。

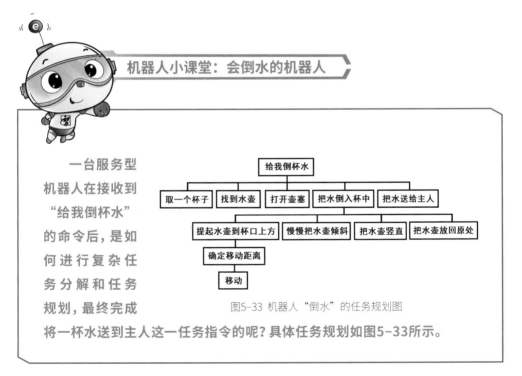

机器人小课堂：会倒水的机器人

一台服务型机器人在接收到"给我倒杯水"的命令后，是如何进行复杂任务分解和任务规划，最终完成

图5-33 机器人"倒水"的任务规划图

将一杯水送到主人这一任务指令的呢？具体任务规划如图5-33所示。

　　根据人倒水的步骤，首先，我们将机器人倒水这个复杂任务分解为"取一个杯子""找到水壶""打开壶塞""把水倒入杯中"和"把水送给主人"5个子任务；其次，我们进一步对每个子任务进行任务规划，我们将"把水倒入杯中"这个子任务规划为"提起水壶到杯口上方""慢慢把水壶倾斜""把水壶竖直"和"把水壶放回原处"4个步骤；而为了完成"提起水壶到杯口上方"这个子任务，机器人又需要完成"确定移动距离"和"移动"两个步骤；最后，机器人通过按预先规划的程序完成以上子任务，完成给主人倒一杯水，并将这杯水送给主人这一复杂任务。因此，在对机器人进行任务规划时，我们通常就是这样进行任务拆分的，直到将任务细化为机器人可以直接完成的细小动作为止。

开环控制与闭环控制

　　在完成机器人程序控制的过程中，机器人会受自身精度和环境等因素的干扰影响，所以开环控制与闭环控制是两个非常重要的概念。开环控制是指无相关传感器反馈信息的系统控制方式，执行结果不会影响控制过程。比如投篮，篮球在离开手后，飞行轨迹不再受手的影响。当操作者启动机器人并使之进入运行状态后，系统将操作者的指令一次性输向受控对象。闭环控制是指系统的输出端与输入端之间存在反馈回路，执行的过程对控制过程存在直接影响。比如打羽毛球，球拍的位置会根据眼睛观察到球的位置进行实时调整。

　　如图5-34所示，为开环控制过程和闭环控制过程示意图。开环控制中输入量由被控对象直接传递给执行器，而闭环控制中给定量（也就是开环控制中的输入量）在传递给执行器后还要不断地经过检测，其检测的目的是判断给定量是否与控制量（也就是开环控制中的输出量）一致。如果控制量大于给定量则减小，反之则增大。很明显，闭环控制的控制精度要大于开环控制。闭环控制必须要有检测装置，比如，要使用闭环方式控制一个电机的转动速度，则必须使用带有编码器的电机才能实现。一般来说，闭环控制的硬件和软件都要比开环控制更复杂，只有在必须精确控制输出量的情况下，才会使用闭环控制的方法。

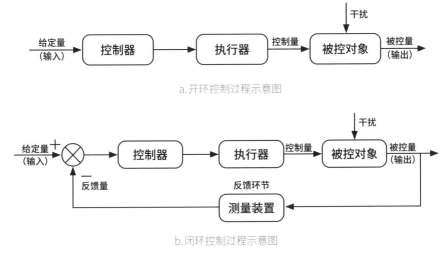

a.开环控制过程示意图

b.闭环控制过程示意图

c.编码器电机

图5-34 开环控制和闭环控制过程示意图

用流程图来设计机器人的程序

在任务规划完成后，对机器人进行编程前，我们常使用流程图来表达机器人的任务规划和运行逻辑。流程图是用统一规定的标准符号来描述程序运行的具体步骤，它可以更好地帮我们梳理程序运行思路，辅助完成程序的编写。如表5-1所示，流程图主要由7种元素构成，我们现阶段主要使用的是前3种流程图符号和流向线。

表5-1 程序流程图的7种元素

流程图符号	含义说明
（圆角矩形）	起止框：表示程序逻辑的开始或结束
（菱形）	判断框：表示一个判断条件，并根据判断结果选择不同的执行路径
（矩形）	处理框：表示一组处理过程，对应于顺序执行的程序逻辑
（平行四边形）	输入输出框：表示程序中数据的数据输入或结果输出
（注释符号）	注释框：表示程序的注释
（箭头线）	流向线：表示程序的控制流，以带箭头直线或曲线表达程序的执行路径
（椭圆）	连接点：表示多个流程图的连接方式，通常用于将多个较小的流程图组织成较大的流程图

通过将流程图的各个元素组合起来，可以表示程序运行的逻辑，从而使我们在编程时能将更多的精力放在具体动作的编程实现上，而不是在复杂的逻辑思虑上。在本书前面的章节中，我们已经使用流程图表示过程序运行的逻辑。一般来说，程序运行的逻辑有顺序模式、选择模式（也叫"分支模式"）和循环模式3种模式，下面我们通过3个日常生活中的例子对这3种程序控制逻辑进行说明。

例子1：图书馆借书——顺序模式

顺序模式实际上是若干条动作语句依次执行，各个步骤是按先后顺序执行的，是最简单、最基本的模式。如图5-35所示，如果我们想去图书馆借书，会按以下步骤顺序执行，先进入图书馆，然后找到需要的书籍，再办理借书手续，最后离开图书馆。

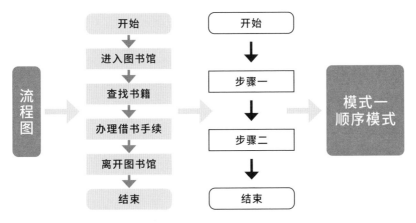

图5-35 顺序模式举例

例子2：过马路——选择模式

选择模式中一定包含一个或几个需要进行判断的条件，根据某种条件是否成立,执行不同的分支路线上的动作语句。如图5-36所示，过马路这个场景很好地说明了这种模式。在过马路时，我们先要在路口观察信号灯的状态，如果是绿灯，那么直行穿过马路；如果不是绿灯，那么在路口等待。请读者特别注意，图5-36中菱形符号中的语句代表的是判断条件。

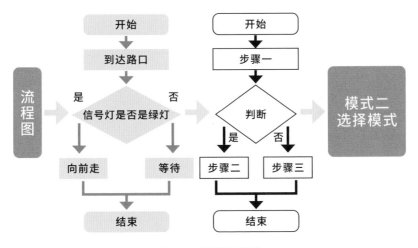

图5-36 选择模式举例

例子3：计次跳绳——循环模式

循环模式中一定包含需要反复执行的语句或语句段，还要有停止执行重复语句的条件。如图5-37所示，体育老师要求大家每人跳绳20次，这是一个典型的循环模式。这里需重复完成的动作是跳绳动作，停止执行重复动作的条件是跳绳的次数达到20。如果没有停止重复语句或语句段的条件，那么这个循环就会变成一个无限次数的循环，也称为"死循环"。在实际运用中，我们要尽量避免"死循环"的出现，因为程序一旦进入"死循环"中，只会执行循环中的语句，循环外的语句不会被执行，所以会导致程序出现错误。

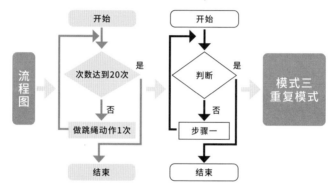

图5-37 循环模式举例

以上3种模式是任务运行的3种基本逻辑，实际应用中，当机器人要准确地完成一个任务时，一般都需将这3种模式结合使用。

 实践探究

设计智能循迹车的程序模块

如图5-38所示，为一个较为复杂的循迹场地图，为了顺利地完成整个比赛，需要在不同的路段采用

图5-38 一个复杂的循迹场地图

不同的循迹策略。请读者利用本节所学的任务规划知识，将这个场地图分为若干个子场地，并利用流程图说明每个子场地的循迹任务策略。

让你的机器人变得更聪明些

文/图　律原（首都师范大学）

上一小节，我们学习了确定机器人任务的一般流程，包括制订完成任务的步骤等，这对于有着明确解决办法的问题来说是足够的。然而，如果机器人面对的是一个变化的环境，需要它自主地完成某些任务，按照之前学习的方式设计的机器人可能就会力不从心了。这一节我们就来看看，有什么办法让你的机器人变得更聪明些。

什么是智能

在本书开头《机器人如何思考》这一节中，我们简单了解了人工智能和机器学习的概念。目前，人们对于什么是智能还没有一个最终的定义。我们可以这样理解：如果机器人可以利用所学的知识解决一个从来没有见过的问题，就可以说这个机器人具有一定的智能。如图5-39所示，机器人已经学习过图5-39中a、b、c、d的手写数字，能识别出它们都是"8"，现在需要识别图5-39e和f中的手写数字是否是"8"。观察仔细的读者一定已经看出，图5-39e中的"8"和图5-39a中的"8"是完全一致的，而图5-39f中的"8"则是机器人从来没有学习过的。对于机器人来说，图5-39f中的8就是一个它没有见过的新情况，如果它能够把图5-39f中的手写数字8识别出来，就说明它具有一定的智能。

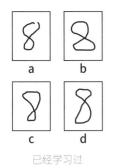

a　b

c　d

已经学习过

e　f

需要识别的

图5-39 机器学习与手写数字识别

有的同学可能觉得让机器人拥有智能是一件非常复杂的事情，其实不然。在绝大多数情况下，机器人的"感觉""智能"是可以通过逻辑计算和数值计算来实现的，甚至在很多情况下，我们可以通过简单的计算就能得到想要的结果。

如何通过简单计算使机器人具有智能

我们继续以手写数字识别为例，来说明如何通过简单计算使机器人具有智能。假设我们要让程序识别图5-40中上方的数字（当然，你一眼就知道是"8"，而现在是要让机器人识别出来）。识别的方式是，依次计算该数字图像（即写有数字的图像）与下方数字图像的距离，距离最近的数字图就认为是和它最像的图像，从而确定这幅图像中的数字。我们把识别数字的过程分为两步——特征值提取和识别数字。

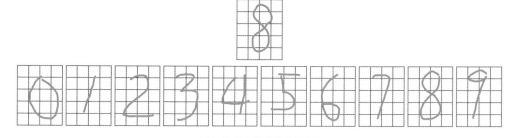

图5-40 手写数字识别示例

为了提取特征值，我们将数字图像划分成很多小块。从图5-40中可以看出，每个数字被分成5行4列，共计5×4 = 20个小块。当然，如果为了识别准确，我们还可以继续细分小格。为了计算方便，我们将每个小块继续分为10×10 = 100个像素点。如果某个像素中有笔画，我们就记为"1"，如果没有笔画就记为0，则如图5-41所示，手写数字"8"中每个小块中的像素点可以作出如下标记：

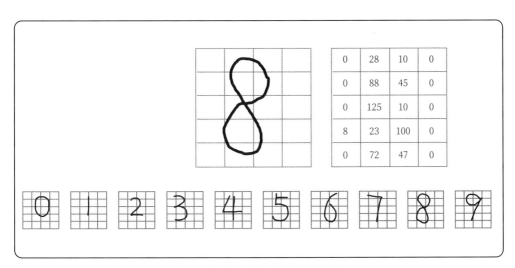

图5-41 每个小块中黑色像素点的个数

为了进一步方便处理，我们会将得到的每个小块中像素值排成一行，如上方8的值为[0,28,10,0,0,88,45,0,0,125,10,0,8,23,100,0,0,72,47,0]。以此类推，我们可以将下方0到9的每个数字在20个小块中的像素值统计出来，见图5-42所示。

0	0, 45, 0, 125, 10, 0, 8, 23, 100, 0, 1, 23, 11, 0, 0, 88, 0, 72, 47, 0
2	0, 4, 0, 12, 10, 0, 8, 23, 26, 10, 0, 0, 88, 0, 100, 0, 1, 72, 47, 0
3	0, 23, 100, 0, 1, 72, 47, 0, 28, 10, 0, 0, 88, 0, 45, 0, 125, 10, 0, 8
4	0, 28, 10, 0, 0, 88, 0, 45, 0, 125, 10, 0, 8, 23, 100, 0, 1, 72, 47, 5
5	0, 12, 140, 50, 7, 8, 0, 8, 23, 10, 0, 1, 45, 0, 125, 10, 0, 72, 6, 3
6	0, 28, 10, 0, 0, 7, 0, 45, 0, 25, 10, 0, 8, 23, 100, 0, 1, 72, 5, 9
7	0, 128, 10, 0, 0, 8, 0, 45, 0, 15, 10, 0, 8, 23, 100, 0, 1, 72, 1, 7
8	70, 8, 10, 0, 0, 88, 0, 45, 0, 125, 10, 0, 8, 23, 100, 0, 1, 2, 4, 3
1	0, 218, 10, 0, 11, 8, 80, 45, 0, 12, 10, 0, 8, 23, 10, 0, 1, 7, 7, 4
9	0, 2, 10, 0, 0, 88, 0, 45, 0, 25, 10, 0, 8, 23, 100, 0, 1, 72, 47, 0

图5-42 每个数字图像的像素数据

我们观察图5-42后会发现，不同数字图像中每个小块的像素点的数量是不一样的。正是这种不同，使我们能够用该数量作为特征来表示每个数字。因此，我们将这些数字的序列值称为"某个数字的特征值"。从某种意义上来说，这一行数字类似于我们的身份证号码，一般来说具有唯一性。

有了10个数字的特征值，我们就可以识别数字了。数字识别要做的就是，比较待识别的图像和图像集中的哪个图像最近，这里的最近指的是二者之间的欧式距离最短。

⚙️ **实践探究**

本例中为了便于说明和理解，将原来下方的10个数字减少为2个（即将分类从10个减少为2个）。假设要识别的图像为图5-43中上方的数字8图像，只需判断该图像是属于图5-43中下方的数字"8"的图像分类还是数字"7"的图像分类。

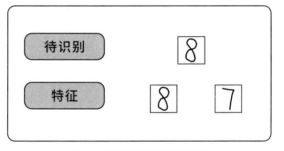

图5-43 待识别图像与特征图像

步骤1：提取特征值，分别提取待识别图像的特征值和特征图像的特征值。

为了方便说明和理解，将特征进行简化，每个数字图像只提取4个特征值（2×2＝4个子块），如图5-44所示。此时，提取到的特征值分别为：

• 待识别的数字"8"图像：［3,7,8, 13］

• 数字"8"特征图像：［3, 6, 9, 12］

• 数字"7"特征图像：［8,1,2,98］

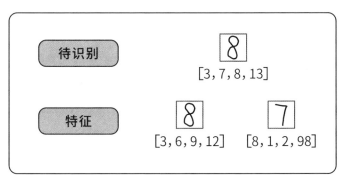

图5-44 重新计算特征值

步骤2:计算距离。

首先，计算待识别的数字"8"图像与下方的数字"8"特征图像之间的距离，如图5-45所示。计算二者之间的距离：

$$距离1=\sqrt{((3-3)^2+(7-6)^2+(8-9)^2+(13-12)^2)}=\sqrt{3}$$

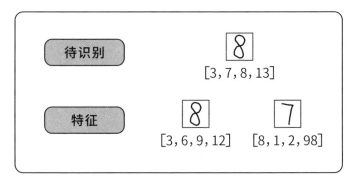

图5-45 计算与数字"8"的距离

其次，计算待识别的数字"8"图像与数字"7"特征图像之间的距离，如图5-46所示。二者之间的距离为：

$$距离2=\sqrt{(3-8)^2+(7-1)^2+(8-2)^2+(13-98)^2}=\sqrt{7322}$$

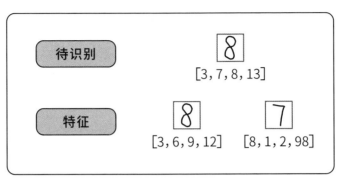

图5-46 计算与数字"7"的距离

最后，通过计算可知，待识别的数字"8"图像：

与数字"8"特征图像的距离为 $\sqrt{3}$ 。

与数字"7"特征图像的距离为 $\sqrt{7322}$ 。

步骤3：识别。

根据计算的距离，待识别的数字"8"图像与数字"8"特征图像的距离更近，所以，将待识别的数字"8"图像识别为数字"8"特征图像所代表的数字"8"。

这一小节，我们通过书写数字识别的算法讲解，向大家介绍了提高机器人智能的基础方法之一。由此可见，让机器人变得更聪明其实并没有想象的那么难。

 思考：

有一个待识别的数字的特征值是：[0,40,2,110,0,12,30,105,0,0,76,3,80,50,2]，请你根据本节课学到的计算方法帮助机器人识别出这是哪个数字。